Tim Kratschmer

Flammgespritzte Schichten im System Al2O3-TiO2-ZrO2

Tim Kratschmer

Flammgespritzte Schichten im System Al2O3-TiO2-ZrO2

Phasenentwicklung-Mikrostruktur-mechanische Eigenschaften

Südwestdeutscher Verlag für Hochschulschriften

Imprint

Any brand names and product names mentioned in this book are subject to trademark, brand or patent protection and are trademarks or registered trademarks of their respective holders. The use of brand names, product names, common names, trade names, product descriptions etc. even without a particular marking in this work is in no way to be construed to mean that such names may be regarded as unrestricted in respect of trademark and brand protection legislation and could thus be used by anyone.

Publisher:
Südwestdeutscher Verlag für Hochschulschriften
is a trademark of
Dodo Books Indian Ocean Ltd., member of the OmniScriptum S.R.L Publishing group
str. A.Russo 15, of. 61, Chisinau-2068, Republic of Moldova Europe
Printed at: see last page
ISBN: 978-3-8381-2705-7

Zugl. / Approved by: Freiberg, TU BA, Diss., 2010

Copyright © Tim Kratschmer
Copyright © 2011 Dodo Books Indian Ocean Ltd., member of the OmniScriptum S.R.L Publishing group

Inhaltsverzeichnis

1 Einleitung 1
   1.1 Das Verfahren des Stabflammspritzens 1
   1.2 Zielsetzung 2
2 Zusammenfassung 3
   2.1 Phasenausbildung 3
   2.2 Mikrostruktur 4
   2.3 Mechanische Eigenschaften und Thermoschockverhalten 5
3 Grundlagenteil 6
   3.1 Darstellung und Charakterisierung des Phasenbestandes 6
      3.1.1 Phasen des Systems Al_2O_3-TiO_2-ZrO_2 im Gleichgewichtszustand 6
      3.1.2 Besonderheiten der Phasenausbildung beim thermischen Spritzen 7
      3.1.3 Charakterisierung der Einstoffsysteme 8
         3.1.3.1 Eigenschaften des Systems Al_2O_3 8
         3.1.3.2 Eigenschaften des Systems TiO_2 9
         3.1.3.3 Eigenschaften des Systems ZrO_2 9
      3.1.4 Charakterisierung der Zweistoffsysteme und des Dreistoffsystems 10
         3.1.4.1 Eigenschaften des Systems Al_2O_3-TiO_2 10
         3.1.4.2 Eigenschaften des Systems TiO_2-ZrO_2 11
         3.1.4.3 Eigenschaften des Systems Al_2O_3-ZrO_2 11
         3.1.4.4 Eigenschaften des Systems Al_2O_3-TiO_2-ZrO_2 12
      3.1.5 Entstehung eines amorphen Anteils 12
      3.1.6 Phasenumwandlung unter Temperatureinwirkung 14
      3.1.7 Quantitative Phasenanalyse 15
         3.1.7.1 Analyse über RIR-Werte 15
         3.1.7.2 Rietveldanalyse 15
         3.1.7.3 Elektronenbeugung 16
   3.2 Darstellung und Charakterisierung der Mikrostruktur 16
      3.2.1 Mikrostruktur im verspritzten Zustand 16
      3.2.2 Mikrostrukturelle Änderungen unter Temperatureinwirkung 17
      3.2.3 Trend zu Nanostrukturen 18

3.3 Mechanische Charakterisierung 19

3.3.1 Strategien zur Probenherstellung 19

3.3.2 Bruchmechanische Aspekte 20

3.3.3 Konsequenzen für Thermoschock 22

4 Herangehensweise und Voruntersuchungen 23

4.1 Nomenklatur 23

4.2 Rohstoffe 24

4.3 Art des thermischen Spritzens 24

4.4 Stabherstellung 24

4.5 Phasengehalte an Modellmischungen 26

4.6 Voruntersuchungen zur Mikrostruktur 29

4.7 Voruntersuchungen zur Gewinnung mechanischer Kennwerte 34

4.8 Motivation und Programm für den Hauptteil 35

5 Ergebnisteil 37

5.1 Ergebnisse der Phasenanalyse 37

5.1.1 Phasenanalyse mittels Röntgenbeugung 37

5.1.1.1 Phasen im Ausgangszustand der Stäbe 38

5.1.1.2 Phasen im verspritzten Zustand 39

5.1.1.3 Fehlerbetrachtungen zum amorphen Anteil 46

5.1.1.4 Phasen nach Temperaturbehandlung 48

5.1.2 Phasenanalyse mittels Elektronenbeugung 53

5.1.2.1 Elektronenbeugung im verspritzten Zustand 53

5.1.2.2 Elektronenbeugung im temperaturbehandelten Zustand 55

5.2 Ergebnisse der differentiellen Thermoanalyse des verspritzten Zustandes 63

5.3 Ergebnisse Mikrostruktur 65

5.3.1 Mikrostruktur im verspritzten Zustand 65

5.3.2 Entwicklung der Mikrostruktur unter Temperatureinwirkung 76

5.4 Ergebnisse mechanische Eigenschaften 82

5.4.1 Ermittlung mechanischer Kennwerte aus der 3-Punkt-Biegung 82

5.4.1.1 Kennwerte im verspritzten Zustand 82

5.4.1.2 Kennwerte im temperaturbehandelten Zustand 85

5.4.2 Ausdehnungsverhalten 94

		5.4.3	Thermoschockversuche an temperaturbehandelten Proben	95

- 6 Ausblick 99
  - 6.1 Durchgeführte Versuche in Nebenrichtungen 99
    - 6.1.1 Phasensynthese am Beispiel β-Al_2O_3 99
    - 6.1.2 Erzeugung metastabiler Mischungen 100
    - 6.1.3 Schichten aus Hydroxylapatit 102
  - 6.2 Zukünftige Arbeitsgebiete 102
- 7 Zusammenstellung mechanischer Kennwerte aus der Literatur 104
- 8 Abbildungsverzeichnis 112
- 9 Tabellenverzechnis 116
- 10 Literaturverzechnis 117

Abkürzungsverzeichnis

APS	Atmosphärisches Plasmaspritzen
CVS	Chemical vapor synthesis
CVD	Chemical vapor deposition
EBSD	Electron backscatter diffraction (Elektronenrückstreubeugung)
EBSP	Electron backscatter pattern (Elektronenrückstreubeugungsmuster)
EVA	Ethylenvinylacetat
HA	Hydroxylapatit
HVOF	High velocity oxy-fuel flame spraying (Hochgeschwindigkeitsflammspritzen)
PFS	Pulverflammspritzen
PVD	Physical vapor deposition
REM	Rasterelektronenmikroskopie
RIR	Reference intensity ratio (Standardintensitätsverhältnis)
RT	Raumtemperatur
SEVNB	Single etched v-notch beam (einseitig v-artig gekerbte Probe)
SFS	Stabflammspritzen
SPPS	Suspensionsplasmaspritzen
TEM	Transmissionselektronenmikroskopie

1 Einleitung
1.1 Das Verfahren des Stabflammspritzens

Das Stabflammspritzen zählt zur Verfahrensklasse des thermischen Spritzens. Dies sind weit verbreitete Verfahren zur Erzeugung funktioneller Schichten auf Bauteilen, wobei deren Grundmaterial für die meist nur an der Oberfläche auftretenden kritischen Beanspruchungen abrasiv-mechanischer, thermischer oder korrosiver Natur nicht geeignet ist. Das entsprechende Schichtmaterial hingegen ist nicht für die Volumenbeanspruchung geeignet oder auch aus wirtschaftlichen Gründen nicht einsetzbar. Als Schichtmaterialien werden oftmals oxidische Systeme verwendet. Für Oxide wird zumeist das Plasma- oder das Hochgeschwindigkeitsflammspritzen als Verfahren angewendet. Beide Methoden verlangen eine Automatisierung und aufwendige Schutzvorrichtungen, so dass systematische Untersuchungen mit Variation mehrerer Parameter sehr aufwendig sind. Das Stabflammspritzen hingegen ist ein relativ einfaches Verfahren, das einen ökonomisch vertretbaren apparativen Aufwand erfordert. Dabei kann der Beschichtungsvorgang unter Beachtung einfacher Arbeitsschutzaspekte auch von Hand ausgeführt werden. Dennoch sind die Grundlagen der Schichtausbildung und Entwicklung der Schichteigenschaften mit denen der anderen Verfahren des thermischen Spritzens vergleichbar.

Die für eine Anwendung wichtigen Schichteigenschaften wie Phasenbestand und mechanische Kennwerte werden sowohl durch den Prozess als auch durch die eingesetzten Materialien bestimmt. Ein für die mechanischen Eigenschaften bestimmender Faktor ist der durch den Spritzprozess bedingte lamellare Aufbau der Schicht. Dabei entsteht eine durch Rissnetzwerke geprägte Mikrostruktur. Es ergeben sich damit Möglichkeiten der Beeinflussung und Steuerung von Material- und Bauteileigenschaften, die über klassische keramische Herstellungsrouten nicht mit den verwendeten Materialsystemen erreicht werden können. Durch den besonderen Aufbau der Mikrostruktur ergeben sich im Vergleich zum gesinterten Material höhere Bruchdehnungen und eine grundlegend verbesserte Thermoschockbeständigkeit, wobei die Festigkeiten dabei im Bereich von ungefähr 10 – 20 % der Werte von gesinterten monolithischen Werkstoffen liegen. Bezogen auf den Prozess ist die komplette Aufschmelzung des eingespeisten Materials nach Meinung des Autors die interessanteste Eigenschaft des Stabflammspritzens. Darüber hinaus wird hierbei eine Zwangsmischung realisiert, indem das flüssige Material an der Spitze des Stabes einige Millimeter von den mit ca. 100 m/s strömenden Gasen angetrieben fließt, bevor einzelne Tropfen abgelöst und weiter zerstäubt werden. Wie bei allen Verfahren des thermischen Spritzens kommt es auch beim Stabflammspritzen zu einer extrem schnellen Abkühlung der flüssigen Tropfen, wenn diese auf das Substrat auftreffen. Daraus ergeben sich mehrere Konsequenzen. Zum einen können Oxide und deren nahezu beliebige Mischungen mit einem Schmelzpunkt unterhalb der Flammentemperatur eingesetzt und im flüssigen Zustand gemischt werden. Zum anderen wird diese flüssige Mischung so schnell zum Erstarren gebracht, dass eine Entmischung von Oxiden mit Mischungslücke im festen oder flüssigen Zustand in einem sehr frühen Stadium gestoppt wird, so dass Hochtemperatur- und Nichtgleichgewichtsphasen eingefroren und damit metastabile Zustände erhalten werden. Es ist sogar die Entstehung amorpher Anteile möglich, und das bei Systemen, die nicht für ihre Glasbildungsneigung bekannt sind.

Aus dem einfachen Verfahren des Stabflammspritzens in Kombination mit einem oxidischen Mehrkomponentensystem ergeben sich sehr komplexe und damit höchst interessante experimentelle Möglichkeiten und Fragestellungen, insbesondere in den Bereichen der Phasenentwicklung unter Nichtgleichgewichtsbedingungen und der Erstarrungserscheinungen, aber auch Fragestellungen nach deren Einfluss auf die Mikrostruktur und der Wechselwirkung von Rissnetzwerken mit dem bruchmechanischen Verhalten.

1.2 Zielsetzung

Es liegt in der Natur der komplexen wissenschaftlich-technologischen Thematik und der Herangehensweise, dass in der hier vorliegenden Arbeit ein breites Gebiet untersucht wird, aber aufgrund der begrenzten Ressourcen keine vollständig abgeschlossene Bearbeitung dieses Themas möglich ist. Die Untersuchungen sollen deshalb auf die drei Hauptgebiete Phasenentwicklung, Mikrostrukturausbildung und mechanische Eigenschaften freistehender Schichten und deren wechselseitige Verknüpfung konzentriert werden. Diese Strategie liefert zugleich viele Ansatzpunkte für zukünftige Arbeiten, beispielsweise in der Anwendbarkeit der Analysemethoden und -strategien oder bei der Identifizierung weiterer interessanter Arbeitsgebiete, wobei auf einige davon im Kapitel „6 Ausblick" näher eingegangen wird.

Das Hauptanliegen dieser Arbeit besteht darin, verschiedene Grundaspekte in dem pseudo-ternären System Al_2O_3-TiO_2-ZrO_2 aufzuklären. Aus der Konzentration auf die drei oben hervorgehobenen Hauptgebiete ergeben sich folgende Fragestellungen: Wie sieht die Phasenentwicklung im Vergleich zu bekannten Systemen wie z.B. Al_2O_3, Al_2O_3-TiO_2 oder Al_2O_3-ZrO_2 aus und wie entwickeln oder verändern sich die mechanischen Eigenschaften? Was passiert mit diesen metastabilen Systemen bei einer nachfolgenden Temperaturbehandlung? Bilden sich Phasen wie β-Al_2TiO_5 oder $ZrTiO_4$ und wie verhalten sie sich in den Instabilitätsbereichen? Existiert ein amorpher Anteil? Und wenn ja: Wie ist dieser in der Schicht verteilt? In welcher Wechselwirkung stehen die einzelnen Komponenten der Zusammensetzung? Aus den Ergebnissen dieser Fragestellungen erwachsen zugleich weitere interessante Probleme, die aber im Detail in den jeweiligen Kapiteln dargelegt und diskutiert werden sollen.

Zur Untersuchung der mechanischen Eigenschaften wird eine neue Methode zur Probengewinnung verwendet, deren Besonderheit darin besteht, dass die Proben ohne trennende Verfahren hergestellt werden. Damit soll eine mögliche Beeinflussung der vorhandenen Rissstruktur minimiert werden. Des Weiteren orientiert sich die Dimension der Probekörper an der Anwendung, das heißt, es werden dünne freistehende Schichten getestet. Dabei soll die Leistungsfähigkeit dieses Ansatzes bezüglich seiner Streuung der Messwerte und seiner Eignung für Thermoschockversuche untersucht und beurteilt werden.

Ein besonderes Augenmerk liegt auf der Untersuchung der Mikrostruktur in Kombination mit der Phasenausprägung. Hierzu werden neben den Standardmethoden der Elektronenmikroskopie und der Röntgenbeugung auch das Messverfahren der Elektronenbeugung und die Auswertungsmethode der Rietveldanalyse angewendet. Weitere Motivationen und die detaillierten Versuchspläne sind im Kapitel „4 Herangehensweise und Voruntersuchungen" dargelegt.

2 Zusammenfassung
2.1 Phasenausbildung

Es wurden die Zusammensetzungen reines Al_2O_3 und Al_2O_3 mit jeweils 5 oder 10 ma.% TiO_2 und/oder ZrO_2 und die Kombinationen daraus untersucht. Bei den binären Mischungen wurden mindestens je 10 ma.% zugesetzt. Nach dem Verspritzen dominiert bei allen untersuchten Zusammensetzungen die Phase γ-Al_2O_3. Diese resultiert aus der schnellen Abkühlung und entsteht aufgrund der durch die Kinetik begünstigten Bildung von γ-Al_2O_3-Keimen. In dessen kubischem Kristallgitter sind TiO_2 und ZrO_2 enthalten, wobei TiO_2 tendenziell einfacher eingebaut wird als ZrO_2. m-ZrO_2 ist nach dem Verspritzen nicht mehr enthalten. Aufgrund des Größeneffektes und der möglichen Stabilisierung durch Al_2O_3 ist ZrO_2 nur in seiner tetragonalen Modifikation nachweisbar. α-Al_2O_3 ist nur in Spuren enthalten und stammt aus nicht aufgeschmolzenen Partikeln. Je mehr TiO_2 und ZrO_2 zugesetzt werden, umso besser wird das Aufschmelzverhalten und es ist kein α-Al_2O_3 mehr nachweisbar. Wenn in der Mischung TiO_2 und ZrO_2 in genügender Menge enthalten sind, entsteht $Zr_5Ti_7O_{24}$. Es existiert ein amorpher Anteil, der mit steigender Menge an TiO_2 und ZrO_2 wächst, der aber auch im reinen Al_2O_3 enthalten ist. ZrO_2 hat dabei einen stärkeren Einfluss, weil dieses weniger leicht in das γ-Al_2O_3-Gitter eingebaut werden kann. Dieser amorphe Anteil bewegt sich zwischen 5 – 10 ma.% im reinen Al_2O_3 und 60 ma.% bei Al_2O_3 mit je 10 ma.% Zusätzen von TiO_2 und ZrO_2.

Bei einer Temperaturbehandlung kristallisiert der amorphe Anteil zwischen 850 und 950°C komplett aus. TiO_2 verschiebt dabei die Kristallisationstemperatur zu geringeren, ZrO_2 zu höheren Temperaturen. γ-Al_2O_3 wandelt sich über die Zwischenstufen δ- und Θ- in α-Al_2O_3 um. Dabei beschleunigt TiO_2 diesen Prozess und ZrO_2 verstärkt die Tendenz zur Bildung von Θ-Al_2O_3. Oberhalb von 1200°C ist nur noch α-Al_2O_3 enthalten. Bei weiterer Temperaturbehandlung wandelt sich das tetragonale und orthorhombische ZrO_2 komplett in die monokline Modifikation um. TiO_2 beschleunigt auch diesen Prozess. Das durch den Spritzprozess entstandene $Zr_5Ti_7O_{24}$ zersetzt sich bei Temperaturen unterhalb 1400°C in $ZrTiO_4$ und $ZrTi_2O_6$, letzteres wiederum bei längerer Haltezeit über TiO_2-Freisetzung zu $ZrTiO_4$. Bei 1400°C entsteht wieder $Zr_5Ti_7O_{24}$. Bei 1600°C zersetzt sich das $Zr_5Ti_7O_{24}$ sehr wahrscheinlich durch eine Wechselwirkung mit Al_2O_3. Oberhalb 1200°C entsteht ebenfalls β-Al$_2$TiO$_5$ in Konkurrenz zur Bildung von Zirkoniumtitanaten. Treten Verunreinigungen mit Natrium auf, so bildet sich β-Al$_2$O$_3$ oder in TiO$_2$-haltigen Mischungen ein natriumhaltiges Aluminiumtitanat.

2.2 Mikrostruktur

Die Mikrostruktur ist bei allen Zusammensetzungen durch Lamellen geprägt. Ab einer Menge an Zusätzen von jeweils 10 ma.% TiO$_2$ und ZrO$_2$ zu Al$_2$O$_3$ erfolgt ein Übergang zu einem wesentlich gröberem Rissmuster. Die Lamellen weisen amorphe Sublamellen auf, die auf der schneller abgekühlten Seite der einzelnen Lamellen zu finden sind. Sie sind weicher als kristalline Bereiche und werden bei einem Poliervorgang stärker abgetragen. Des Weiteren ist zu erkennen, dass Risse an diesen amorphen Bereichen gestoppt werden. Zur Bestimmung der Mengenanteile der amorphen Phasen wurden zwei Strategien verfolgt. Zum einen die Rietveldanalyse und zum anderen die Auswertung der Flächenanteile an Abbildungen der Querschliffe. Dabei ergeben sich in Abhängigkeit der Zusammensetzung teilweise erhebliche Unterschiede. Das kann mit dem Modell der primären und sekundären amorphen Bereiche erklärt werden. Dabei entstehen primäre amorphe Bereiche allein aufgrund der hohen Abkühlgeschwindigkeit und sind mit den sichtbaren amorphen Sublamellen identisch. Diese treten in allen untersuchten Zusammensetzungen auf. Die Komponenten TiO$_2$ und ZrO$_2$ bewirken sehr wahrscheinlich das Auftreten der spinodalen Entmischung. Der sekundäre amorphe Anteil ist an den Effekt der dendritisch-eutektischen Erstarrung bzw. spinodalen Entmischung gekoppelt und liegt sehr fein verteilt zwischen kristallinen Bereichen vor. Die verschiedenen Phasen sind dabei γ-Al$_2$O$_3$ und t-ZrO$_2$ bzw. Zr$_5$Ti$_7$O$_{24}$. Sekundäre amorphe Anteile treten weder im reinen Al$_2$O$_3$ und noch im System Al$_2$O$_3$ mit 10 ma.% TiO$_2$ auf. In letzterem wird das TiO$_2$ komplett mit in das γ-Al$_2$O$_3$ eingebaut. Somit gibt es keine zweite Phase und damit auch keine spinodale Entmischung bzw. eutektische Erstarrung. Auf den gesamten amorphen Anteil hat ZrO$_2$ einen stärkeren Einfluss als TiO$_2$, was sich einerseits mit dem schlechteren Einbau von ZrO$_2$ ins γ-Al$_2$O$_3$-Gitter und andererseits mit der geringeren Wahrscheinlichkeit des Auftretens einer spinodalen Entmischung für das TiO$_2$ im Vergleich zum ZrO$_2$ aufgrund des größeren Unterschiedes in der Koordinationszahl für das Zr^{4+}-Ion mit dem Al^{3+}-Ion erklären lässt. Die Übergänge zwischen den Lamellen des primären amorphen Anteils, den gemischten und den rein kristallinen Bereichen sind sehr scharf.

Nach einer Temperaturbehandlung treten verschiedene Arten und Größenklassen von Ausscheidungen auf, die vermutlich auf durch die eutektische Erstarrung vorgeprägten Bereiche mit einer unterschiedlichen Keimdichte zurückzuführen sind. Die Ausscheidungen sind in erster Linie tetragonales, orthorhombisches und monoklines ZrO$_2$ und verschiedene Zirkoniumtitanate. Bei weiterer Temperaturbehandlung ist das Auftreten einer Inselstruktur, wie sie z.B. in Referenz [1] beschrieben wurde, in der Größenordnung mehrere µm erkennbar. Eine Erklärung dafür ist die Bildung von Zirkoniumtitanat und dessen anschließender Zerfall. Das Auskristallisieren von ZrO$_2$ in der Mitte führt zu einem

Herausdrängen des TiO_2. Es entsteht so der beobachtete TiO_2-reiche Saum um eine ZrO_2-reiche Mitte. In beiden Bereichen sind Risse enthalten, die zum einen auf die Umwandlung zum monoklinen ZrO_2 bei der Abkühlung und zum anderen auf Unterschiede im thermischen Ausdehnungskoeffizienten im Vergleich zur Korundmatrix zurückzuführen sind. Die Temperaturbehandlung führt aufgrund der Sintereffekte und des Kornwachstums zu einem Verschwinden der lamellaren Struktur. Bei Anwesenheit von freiem TiO_2 kann es zu Riesenkornwachstum kommen.

Es kommt zur Ausbildung einer offenen Porosität im verspritzten Zustand, die bei 15 ma.% Zusätzen minimal bei 6 % liegt. Diese offene Porosität steigt bei Temperaturbehandlung zunächst an, verringert sich dann aber bei den Mischungen, die mehr TiO_2 als ZrO_2 enthalten, aber auch im reinen Al_2O_3 und in Al_2O_3 mit 10 ma.% TiO_2. Ist in der Mischung mehr ZrO_2 als TiO_2 enthalten ist, dann steigt die offene Porosität bei weiterer Temperaturbehandlung weiter an. Der zuerst erfolgende Anstieg ist auf die Umwandlung des γ-Al_2O_3 in α-Al_2O_3 zurückzuführen. Ein Zusammenhang mit der Bildung bzw. dem Zerfall von Zirkoniumtitanaten ist anzunehmen, die Sinterung und damit der Gehalt an freiem TiO_2 beeinflussen ebenso den Verlauf. Parallel dazu steigen die Rohdichten zwar mit jeder Behandlungsstufe an, aber die absoluten Werte bestätigen, dass noch eine geschlossene Porosität enthalten ist, die aus der Umwandlung des γ-Al_2O_3 in α-Al_2O_3 und dem Spritzprozess stammt und durch den Sinterprozess nicht vollständig eliminiert wird.

2.3 Mechanische Eigenschaften und Thermoschockverhalten

Im Vergleich zum reinen Al_2O_3 führen die Zusätze zu einem signifikanten Anstieg der Festigkeiten bis 15 ma.% Zusätze. Bei einer größeren Menge an Zusätzen hingegen fällt die Festigkeit wieder ab. Dieses Maximum korrespondiert mit der Menge an TiO_2 in der sehr oft verwendeten Standardzusammensetzung Al_2O_3 mit 13 ma.% TiO_2. Durch die Zusätze sinkt die Bruchdehnung. Ursache dafür ist ein besserer Zusammenhalt der Lamellen untereinander durch eine vergrößerte Kontaktfläche zwischen den Lamellen und der versprödende Einfluss des amorphen Anteils.

Nach einer Temperaturbehandlung ist ein starker Festigkeits- und E-Modulanstieg um den Faktor 3 – 7 zu beobachten. Dabei sinkt jedoch die Bruchdehnung auf zwei Drittel bis die Hälfte der Werte im verspritzten Zustand. In den Proben Al_2O_3 mit Zusätzen von TiO_2/ZrO_2 in ma.% von 0/10, 5/5, 5/10 und 10/5 tritt durch die Umwandlung einer kritischen Menge von tetragonalem in monoklines ZrO_2 ein komplettes mechanisches Versagen nach einer Temperaturbehandlung bei höheren Temperaturen auf. Vorher findet eine wirksame Umwandlungs- und/oder Partikel- und/oder Mikroriss-verstärkung durch ZrO_2- und Zirkoniumtitanatteilchen statt.

Thermoschockversuche durch Wasserabschreckung an dünnen freistehenden Schichten sind möglich und ergeben sinnvolle Ergebnisse und signifikante Unterschiede zwischen den Zusammensetzungen. Dabei wird der Effekt der Festigkeitsverringerung durch die Probenbreite bestimmt, weniger durch die Probendicke. Dies beruht darauf, dass beim

Eintauchen der Probe in Wasser die schon abgekühlten Bereiche die sich direkt daran anschließenden heißen Bereiche unter Zugspannung setzen, während sie selber unter Druckspannung stehen. Diese Welle aus Druck- mit nachfolgenden Zugspannungen bewegt sich synchron mit dem Eintauchvorgang durch die gesamte Probe hindurch. Dabei wird die Größe dieser Spannungen durch die längste Dimension, hier die Breite der Proben, bestimmt. Nach einer Temperaturbehandlung von 10 h bei 1200°C sind bei Mischungen mit mehr ZrO_2 als TiO_2 bei einem ΔT von 600 K deutlich höhere Restfestigkeiten als bei reinem Al_2O_3 oder Al_2O_3 mit 10 ma.% TiO_2 zu verzeichnen. Nach einem ΔT von 1000 K haben alle untersuchten Proben ein einheitlich niedriges Festigkeitsniveau. Diese Restfestigkeit wird nur noch durch Rissüberbrückung bestimmt. Die Unterschiede zwischen den Zusammensetzungen beruhen auf der Wirksamkeit von Umwandlungs- und/oder Partikel- und/oder Mikrorissverstärkung.

3 Grundlagenteil

In den folgenden Kapiteln sollen die Grundlagen für die in dieser Arbeit dargestellten Versuche, Vorgänge und Überlegungen aufgezeigt werden. Dabei werden die Betrachtungen immer vor dem Hintergrund des Flammspritzens und des untersuchten Dreistoffsystems angestellt. Effekte, die keinen Einfluss auf die hier untersuchten Felder haben, werden um der Kürze des Theorieteils willens weniger intensiv betrachtet. Ebenso wird der wissenschaftlich korrekte Term „Pseudo-Dreistoffsystem" oder „Vierstoffsystem" für das Al_2O_3-TiO_2-ZrO_2-System in „Dreistoffsystem" vereinfacht, da der Sauerstoffgehalt hier nicht als unabhängige Variable betrachtet werden kann. Ebenso sollen nur die Besonderheiten von Analysemethoden erwähnt werden, auf die Darstellung von Standardmethoden wird verzichtet und hiermit auf die allgemeine Literatur verwiesen.

3.1 Darstellung und Charakterisierung des Phasenbestandes
3.1.1 Phasen des Systems Al_2O_3-TiO_2-ZrO_2 im Gleichgewichtszustand

In diesem System gibt es zwei grundlegende Verbindungen, die Verbindung β-Al_2TiO_5 und die Verbindungen der Art $(Zr,Ti)_2O_4$. Eine detailliertere Diskussion dazu erfolgt im weiteren Verlauf dieser Arbeit. Sind alle drei Komponenten in einer Mischung enthalten, ist die Bildung von Zirkoniumtitanat thermodynamisch bei Temperaturen unterhalb von 1500°C, die von Aluminiumtitanat oberhalb von 1500°C begünstigt. Beide Phasen können in gesinterten oder über Schmelzprozesse mit langsamen Abkühlraten hergestellten Materialien auch nebeneinander vorliegen und werden, wie die Anzahl entsprechender Veröffentlichungen zeigt, in zahlreichen Bereichen als Werkstoffe verwendet. [1-18] Tabelle 3-1 zeigt eine Zusammenstellung stabiler und metastabiler Phasen in diesem System.

3.1.2 Besonderheiten der Phasenausbildung beim thermischen Spritzen

Das Flammspritzen zeichnet sich durch ein mehr oder weniger vollständiges Aufschmelzen des eingebrachten Materiales aus. Dabei liegt der Grad der Aufschmelzung beim Stab- oder Drahtflammspritzen tendenziell höher als beim Pulverflammspritzen. Die Grundprinzipien sind jedoch gleich, ebenso können die Erkenntnisse aus anderen Arten des thermischen Spritzens übernommen werden, wie beispielsweise aus dem Plasma- oder dem Lichtbogenspritzen. Dabei führt der Abschreckvorgang beim Auftreffen der schmelzflüssigen Partikel auf ein Substrat mit Raumtemperatur zur Entstehung metastabiler Phasen. Der Vorgang der Kristallisation wird durch die geringe Zeit die für die Diffusion zur Verfügung steht in einem sehr frühen Stadium gestoppt. Die Abkühlrate liegt zwischen 10^3 und 10^8 K/s. Aufgrund der extrem hohen Abkühlgeschwindigkeit und der sich ausbildenden sehr kleinen Kristallite verschiebt sich die Phasenausbildung in allen Ein- und Zweistoffsystemen und auch im Dreistoffsystem weg vom thermodynamisch stabilen Zustand. Die dadurch auftretenden Effekte sollen in den folgenden Kapiteln erklärt und diskutiert werden. Neben den Arbeiten zum thermischen Spritzen sind Prozesse mit einer schnellen Abkühlung der Materialien von sehr hohen Temperaturen ebenfalls wichtige Quellen für

Tabelle 3-1: Kristallstruktur, Stabilität und Dichte verschiedener Phasen im System Al_2O_3-TiO_2-ZrO_2

Phase	Kristallstruktur	Stabilitätsbereich	Dichte [g/cm³]	Quelle
α-Al_2O_3 (Korund)	trigonal-rhomboedrisch	T<Tm	3,98…4,02	[19-23]
γ-Al_2O_3	kubisch/tetragonal	T<900°C	3,65…3,67	[19-25]
η-Al_2O_3	kubisch (spinellartig)	T<900°C	2,5…3,5	[20, 23, 26]
χ-Al_2O_3	kubisch/hexagonal	T<750°C	3,73…3,76	[20, 23, 27]
δ-Al_2O_3	kubisch/hexagonal/ tetragonal/orthorhombisch	T<1050°C	3,58…3,69	[19, 20, 23, 26, 28]
θ-Al_2O_3	monoklin	T<1180°C	3,56	[19, 20, 23]
TiO_2 (Rutil)	tetragonal	T<Tm	4,20…4,27	[23, 29-31]
TiO_2 (Brookit)	orthorhombisch	T<400…1000°C	3,90…4,13	[22, 23, 32]
TiO_2 (Anatas)	tetragonal	T<400…1000°C	3,84…3,88	[23, 29, 30]
Ti_xO_{2x-1} [5≤x≤9] (Magnelli-Phasen)	trigonal	metastabil	k.A.	[23, 30, 31]
TiO_x [0,85≤x≤1,25]	kubisch	metastabil	4,87…5,06	[23, 33]
c-ZrO_2	kubisch	2370°C<T<Tm	6,27	[22, 23, 34-36]
t-ZrO_2	tetragonal	1170°C<T<2370°C	6,1	[22, 23, 34, 35, 37, 38]
o-ZrO_2	orthorhombisch	metastabil	k.A.	[23, 39-43]
m-ZrO_2 (Baddeleyit)	monoklin	T<1170°C	5,41…5,60	[22, 23, 34, 35, 38]
β-Al_2TiO_5 (Tialit)	orthorhombisch	1180…1280°C<T<1800°C pseudostabil für T<750…800°C	3,70…3,89	[23, 31, 44-49]
χ-Al_2O_3·TiO_2	kubisch	metastabil	k.A.	[23, 27]
$Al_6Ti_2O_{13}$	orthorhombisch	~1800<T<Tm	k.A.	[23, 46, 48]
$ZrTiO_4$	orthorhombisch	1100°C<T<Tm	5,06	[23, 37, 50-54]
$Zr_5Ti_7O_{24}$	orthorhombisch	1100°C<T<Tm	k.A.	[23, 50-53]
$ZrTi_2O_6$ (Srilankit)	orthorhombisch	T<900…1100°C	4,77	[23, 50-53]

Informationen zur Phasenentwicklung. Das sind beispielsweise Verfahren zur gerichteten Erstarrung aus einer Schmelze, Zonenschmelzverfahren und Lichtbogen- oder Flammensyntheseprozesse. Mit entsprechenden Einschränkungen ergeben sich aus den Eigenheiten der Sol-Gel-Methode und von Herstellungs- oder Abscheideprozessen aus der Gasphase wie CVD, PVD und CVS Hinweise hinsichtlich metastabiler fester Lösungen und Kristallisationserscheinungen aus einem amorphen Zustand. Hierbei sind jedoch die jeweiligen Effekte aufgrund der geringen Teilchengröße und hohen spezifischen Oberfläche zu beachten. Weitere Informationen finden sich auch in Publikationen zum Gebiet der eutektischen Erstarrung. [18, 24, 26, 38-40, 55-69]

Im verspritzen Zustand tritt sowohl im System reines Al_2O_3, als auch in den Zweistoffsystemen Al_2O_3-TiO_2 und Al_2O_3-ZrO_2 und im Dreistoffsystem ein zunehmend ausgeprägter amorpher Anteil auf. Dieser amorphe Anteil wird in einem eigenen Kapitel „3.1.5 Entstehung eines amorphen Anteils" näher erläutert.

3.1.3 Charakterisierung der Einstoffsysteme
3.1.3.1 Eigenschaften des Systems Al_2O_3

Der Schmelzpunkt von reinem Al_2O_3 liegt bei 2050°C. Beim Verspritzen von Al_2O_3 bildet sich in der Schicht neben dem bei allen Temperaturen thermodynamisch stabilen α-Al_2O_3 hauptsächlich die metastabile γ-Al_2O_3-Phase aus. In der Literatur wird γ-Al_2O_3 manchmal auch als Sammelbegriff für die kubischen oder tetragonalen Modifikationen des Al_2O_3 verwendet. Die anderen möglichen Phasen und deren Kristallstruktur sind in Tabelle 3-1 aufgeführt. Wenn überhaupt, so treten diese Übergangsphasen nach dem Verspritzen nur in Spuren auf und sind wahrscheinlich auf die Erwärmung der bereits entstandenen Schicht beim Aufbringen weiteren Materials zurückzuführen. Ist diese Erwärmung stärker ausgeprägt oder gezielt verursacht, dann treten die entsprechenden Übergangsphasen δ- und Θ-Al_2O_3 auf. Beim thermischen Spritzen ist das Verhältnis von γ- zu α-Al_2O_3 von der Abkühlrate abhängig. Als Erklärung wird die geringere kritische Keimbildungsenergie der kubischen Phase angegeben, die deshalb geringer ist, weil die Grenzflächenenergie zwischen der Schmelze und der kubischen im Vergleich zur trigonalen Phase kleiner ist. Damit übersteigt die Zahl der entstehenden kubischen Keime die der trigonalen um mehrere Größenordnungen. Von atomarer Seite betrachtet kann gesagt werden, dass bei langsamer Abkühlung die Al^{3+}-Ionen bevorzugt in einer oktaedrischen Koordination kristallisieren, während sie bei schneller Abkühlung in der tetraedrischen verbleiben. Erstere entspricht dem α-Al_2O_3, letztere dem γ-Al_2O_3. Wenn im Tropfen nicht aufgeschmolzene Korundkristallite vorhanden sind, wirken diese als Keime und es entsteht ein auch vom Aufschmelzgrad bestimmtes Verhältnis von α- zu γ-Al_2O_3. Desweiteren spielt die Tropfengröße eine mittelbare Rolle. Unterhalb eines Durchmessers von 10-15 µm tritt normalerweise kein trigonaler Anteil auf. Dies kann wiederum mit der größeren Abkühlgeschwindigkeit und der kleineren Wahrscheinlichkeit der Bildung trigonaler Keime für kleine

Volumina erklärt werden. Im Umkehrschluss kann dieses Verhalten bei hinreichend hoher Abkühlrate zur Beurteilung des Grades der Aufschmelzung genutzt werden. Zur Entstehung von γ-Keimen ist außerdem eine Mindestunterkühlung der Schmelze notwendig, da die Liquidustemperatur der γ-Al_2O_3 Phase 40 K unter der Liquidustemperatur der α-Al_2O_3 Phase liegt. In Plasma- und Flammspritzprozessen wird eine Unterkühlung von ca. 0,2 Tm erreicht, was für das System Al_2O_3 eine Temperatur von ca. 1600°C bedeutet. [19-28, 70-75]

3.1.3.2 Eigenschaften des Systems TiO_2

Der Schmelzpunkt von reinem TiO_2 liegt bei 1860°C. Wenn TiO_2 aus der Schmelze abkühlt, entsteht hauptsächlich Rutil. Beim thermischen Spritzen hängt das Verhältnis von Anatas zu Rutil somit vom eingesetzten Rohstoff und vom Grad der Aufschmelzung ab. Es existiert jedoch insofern eine Korngrößenabhängigkeit, als in Körnern im nm-Bereich auch der metastabile Anatas entstehen kann, während Körner im µm-Bereich als Rutil vorliegen. In Bezug auf die Abhängigkeit der Ausbildung metastabiler Phasen von der Teilchengröße zeigt TiO_2 somit ein dem Al_2O_3 ähnliches Verhalten. Als Besonderheit der leichten Änderung der Wertigkeit des Titaniums durch reduzierende Umgebungen können im System TiO_2 auch Phasen mit einem Sauerstoffdefizit nach der Formel Ti_xO_{2x-1} mit 5≤x≤9 auftreten. Al^{3+}-Ionen haben darüber hinaus eine stabilisierende Wirkung auf Anatas. [22, 23, 26, 29-32, 59, 76, 77]

3.1.3.3 Eigenschaften des Systems ZrO_2

Der Schmelzpunkt von reinem ZrO_2 liegt bei 2700°C. Da ZrO_2 in seiner reinen, unstabilisierten Form nicht ohne weiteres angewendet werden kann, liegen auch keine Erfahrungen zur Entstehung von metastabilen Zuständen nach einem Abschreckvorgang vor. Aus der Verarbeitung von teil- oder vollstabilisierten Varianten können jedoch Hinweise dazu gewonnen werden. Die Gleichgewichtsphasen von reinem ZrO_2 und ihre Stabilitätsbereiche sind in Tabelle 3-1 aufgeführt.

Für Y_2O_3-, CeO_2-, CaO- und MgO-haltiges ZrO_2 ist die monokline Phase nach dem Verspritzen nur in Spuren nachweisbar. Die Hauptphase ist das tetragonale ZrO_2. Beim verwenden einer größeren Menge an Stabilisator ist auch die kubische Phase nachweisbar. Bei Verwendung von Y_2O_3 oder CeO_2 treten die Nichtgleichgewichtsphasen t´ und c´ auf, welche mehr bzw. weniger Stabilisator als die t- und c-Phase im Gleichgewicht enthalten. Dabei ist die t´-Phase nicht in die monokline Phase umwandelbar. Ihre Herkunft wird in einer diffusionslosen Umwandlung von der kubischen Phase vermutet. Einflüsse von Spannungen und der durch die Abkühlrate bestimmten Korngröße existieren zwar, sind aber nicht quantifiziert. Bei schneller Abkühlung tritt auch eine metastabile orthorhombische ZrO_2-Phase auf. Die kritische Korngröße der spontanen martensitischen Umwandlung von der tetragonalen in die monokline Modifikation liegt für stabilisierte ZrO_2 im Bereich zwischen 1 und 10 µm. Dabei muss auch der Effekt der spannungsinduzierten Phasenumwandlung in Betracht gezogen werden. Es treten mit hoher Wahrscheinlichkeit Veränderun-Veränderungen durch eine wie auch immer geartete mechanische Bearbeitung, durch die Feinmahlung von Proben für die Röntgenbeugung, durch das Herstellen von Proben zur mechanischen Charakterisierung durch Sägen und Schleifen oder das Präparieren von Anschliffen für die Licht- oder Elektronenmikroskopie auf. [22-24, 34, 35, 37-43, 78-91]

3.1.4 Charakterisierung der Zweistoffsysteme und des Dreistoffsystems

In Abhängigkeit von der Zusammensetzung lassen sich die beobachteten Effekte in den Zweistoffsystemen in zwei verschiedene Gruppen einteilen. Zum einen tritt eine feste Lösung von der einen Komponente in der anderen auf. Zum anderen können sich Verbindungen ausbilden. Die Bildung fester Lösungen beeinflusst die im Kapitel „3.1.3 Charakterisierung der Einstoffsysteme" dargestellten Effekte aufgrund der Veränderung der Viskosität, der Liquidustemperatur, der Grenzflächenspannung bzw. der Grenzflächenenergien aufgrund der Stabilität der beteiligten flüssigen und festen Phasen. Die Bildung von Verbindungen kann ab einer bestimmten Konzentration der Komponenten zu dem ersten Prozess hinzukommen.

Die Eigenheiten der schnellen Abkühlung von Al_2O_3 wirken auch bei der Verwendung von Stoffgemischen. So entstehen im System Mullit oder Spinell aufgrund der geringen Keimwachstumsgeschwindigkeit der Phasen $MgAl_2O_4$ und $Al_2O_3 \cdot SiO_2$ ebenfalls Anteile von metastabilen reinen Al_2O_3-Phasen.

Für die Zweistoffsysteme Al_2O_3-TiO_2 und Al_2O_3-ZrO_2 gibt es zahlreiche Veröffentlichungen, die sich mit dem thermischen Spritzen in diesem System befassen. Für das System TiO_2-ZrO_2 gibt es jedoch noch keine Angaben, so dass für die Diskussion der Grundlagen deshalb auf Informationen aus anderen Prozessen, die Ungleichgewichtszustände beinhalten, zurückgegriffen werden muss. [12, 71] Im Kapitel „3.1.4.2 Eigenschaften des Systems TiO_2-ZrO_2" wird das Verhalten bei Abschreckung erläutert und es werden ausgewählte Aspekte des Gleichgewichtszustandes dargelegt.

3.1.4.1 Eigenschaften des Systems Al_2O_3-TiO_2

Die niedrigste Schmelztemperatur liegt in diesem System bei 1700°C und 20 mol% Al_2O_3. Oberhalb von 1800°C existiert eine im Vergleich zum β-Al_2TiO_5 Al_2O_3-reichere Phase mit der Formel $Al_6Ti_2O_{13}$, die unterhalb von 1800°C in einer eutektoiden Reaktion zu Al_2O_3 und β-Al_2TiO_5 zerfällt. Diese Verbindung existiert jedoch nur auf der Al_2O_3-reicheren Seite des Phasendiagrammes. Dabei führt eine langsame Abkühlung äquimolarer Mischungen genauso zu β-Al_2TiO_5 wie eine schnelle Abkühlung. Desweiteren existiert eine metastabile χ-$Al_2O_3 \cdot TiO_2$-Phase. In dieser Phase sind die Al^{3+}-Plätze statistisch verteilt mit Ti^{4+}-Ionen besetzt und sie ist nach dem Modell der Defektspinellstruktur aufgebaut. In Röntgenbeugungsdiagrammen der χ-$Al_2O_3 \cdot TiO_2$-Phase stimmen die Reflexlagen mit denen des γ-Al_2O_3 überein, wobei jedoch unterschiedliche Reflexhöhenverhältnisse auftreten. In TiO_2-ärmeren Mischungen sind bei kompletter Aufschmelzung keine reinen TiO_2-Phasen über Röntgenbeugunsanalyse nachweisbar. Das Verhältnis von α-Al_2O_3 zur χ-$Al_2O_3 \cdot TiO_2$-Phase hängt in Analogie zum Verhältnis von α- zu γ-Al_2O_3 im System reines Al_2O_3 ebenfalls vom Aufschmelzgrad ab und sinkt mit besserer Aufschmelzung. In der Literatur sind bereits eine Vielzahl an Untersuchungen zum thermischen Spritzen im diesem System beschrieben, wobei sich dabei eine Reihe an Standardzusammensetzungen heraushebt, die durch die Gewichtsverhältnisse von Al_2O_3 zu TiO_2 von 97/3, 87/13 und 60/40 gegeben sind. Letzteres entspricht fast einer äquimolaren Mischung, welche durch ein Gewichtsverhältnis von 56,1/43,9 charakterisiert wird. β-Al_2TiO_5 ist nur in Mischungen nahe der stöchiometrischen Zusammensetzung zu finden, nicht in Al_2O_3-reichen Mischungen. In diesen Mischungen tritt hauptsächlich γ-Al_2O_3 auf. In Spuren können α-Al_2O_3, Ti_xO_{2x-1}, Rutil und Brookit auftreten. Mit steigendem Anteil von TiO_2 sinkt die Porosität der Schicht, wobei dies auf die Verringerung der Schmelztemperatur zurückgeführt werden kann. [20, 23, 27, 31, 45-48, 92-100]

3.1.4.2 Eigenschaften des Systems TiO_2-ZrO_2

Der niedrigste Schmelzpunkt liegt in diesem System bei 1760°C und ca. 80 mol% TiO_2. Es existieren die Mischkristalle Baddeleyit und t-ZrO_2 mit einem maximalen Gehalt an TiO_2 von 9 bzw. 20 mol%. Dabei gibt es verschiedene Zirkoniumtitanate mit der allgemeinen Formel $(Zr,Ti)_2O_4$ und einem Gehalt an TiO_2 zwischen 42 und 67 mol%. Die Phase Rutil kann mit steigender Temperatur immer mehr ZrO_2 einbauen, bei 1600°C bis zu 15 mol%. Zwischen den genannten Bereichen bestehen Mischungslücken. Bei einer Temperatur von ca. 1130°C gibt es für die Phase $(Zr,Ti)_2O_4$ einen sogenannten Ordnungs-Unordnungsübergang. Bei Abkühlung vergrößert sich das Verhältnis von TiO_2 zu ZrO_2 im Gleichgewichtszustand signifikant und es entsteht Srilankit. Der Ordnungs-Unordnungsübergang ist mit einer Volumenänderung verbunden. Aufgrund der sehr langsamen Kinetik werden in diesem System jedoch bereits bei so moderaten Abkühlgeschwindigkeiten, wie sie bei der freien Abkühlung im Ofen auftreten, Hochtemperaturphasen oder metastabile Zwischenzustände eingefroren. Es ist also anzunehmen, dass nach dem thermischen Spritzen metastabile Phasen in der Schicht vorhanden sind. Ausgehend von amorphen Vorstufen aus dem Sol-Gel-Prozess kristallisiert $ZrTiO_4$ ab einer Temperatur von ca. 650 - 700°C. TiO_2 verringert dabei die Temperatur des Überganges von der monoklinen zur tetragonalen Modifikation des ZrO_2 und wirkt darüber hinaus auch sinterbeschleunigend. [18, 37, 51, 59, 68, 69, 100-102]

3.1.4.3 Eigenschaften des Systems Al_2O_3-ZrO_2

Der niedrigste Schmelzpunkt liegt in diesem System bei 1910°C und einem ZrO_2-Gehalt von ca. 35 mol%. In einem Bereich von 35 bis 68 ma.% ZrO_2 existieren oberhalb der

Liquidustemperatur zwei nichtmischbare flüssige Phasen. Beim Verspritzen von ZrO_2-Al_2O_3-Gemischen können im ZrO_2-Gitter übersättigte feste Lösungen von Al^{3+}-Ionen entstehen. Beim Plasmaspritzen von Pulvern im System (ZrO_2 – 5 ma.% Y_2O_3) – 20 ma.% Al_2O_3 dominieren im verspritzten Zustand die tetragonale und die kubische Modifikation des ZrO_2. Hingegen kann die monokline Modifikation nicht nachgewiesen werden. Dabei verringert sich der kubische Anteil mit sinkender Abkühlrate. Der erzwungene Einbau von Al^{3+} und die geringe Kristallitgröße stabilisieren die tetragonale und kubische Modifikation des ZrO_2. Ab einem Gehalt von ca. 15 mol% Al_2O_3 in fester Zwangslösung ist kein m-ZrO_2 mehr vorhanden. Dabei ist die beobachtete Löslichkeit von Al_2O_3 in ZrO_2 in Proben, die über Wet Chemical Synthesis (WCS) hergestellt wurden, höher als bei anderen Syntheserouten. Bei eutektischer Zusammensetzung und einer Abkühlrate >10^4 K/s werden vollständig amorphe Zustände erhalten. Darauf wird im Kapitel „3.1.5 Entstehung eines amorphen Anteils" näher eingegangen. [38, 56, 61, 102-109]

3.1.4.4 Eigenschaften des Systems Al_2O_3-TiO_2-ZrO_2

Der niedrigste Schmelzpunkt liegt in diesem System bei 1560°C und einem Gehalt von jeweils 20 mol% Al_2O_3 und ZrO_2. Dabei zeigen Proben von mit dem Zonenschmelzverfahren behandelten Mischungen aus dem Dreistoffsystem in Abhängigkeit vom Verhältnis TiO_2 zu ZrO_2 unterschiedliche Phasengehalte. Ist in der Mischung mehr TiO_2 als ZrO_2 und Al_2O_3 vorhanden, so bilden sich die Phasen β-Al_2TiO_5 und $ZrTiO_4$. Ist hingegen Al_2O_3 im Überschuss vorhanden ist, bilden sich β-Al_2TiO_5 und kein $ZrTiO_4$. Ist in der Mischung hauptsächlich ZrO_2 vorhanden, so bilden sich wiederum β-Al_2TiO_5 und $ZrTiO_4$. Das bedeutet, dass unter Herstellungsbedingungen mit geringen Abkühlraten bevorzugt β-Al_2TiO_5 gebildet wird. In bei 1500°C gesinterten Pulvermischungen wird β-Al_2TiO_5 zusammen mit $ZrTiO_4$ gefunden.

Ausgehend von der Sol-Gol-Route bildet sich zuerst $ZrTiO_4$ und α-Al_2O_3. Oberhalb einer Temperatur von ≈1500°C findet die Reaktion $ZrTiO_4+Al_2O_3$ ⇨ $Al_2TiO_5+ZrO_2$ statt. Die im Kapitel „3.1.3.3 Eigenschaften des Systems ZrO_2" beschriebene t´-Phase des ZrO_2 tritt auch in diesem System nach dem thermischen Spritzen auf, was auf eine Stabilisierung der tetragonalen Form des ZrO_2 durch TiO_2 und Al_2O_3 alleine oder gemeinsam hinweist. Mit höherem Aufschmelzgrad des Ausgangsmaterials sinkt der Gehalt an α-Al_2O_3 und m-ZrO_2. [2, 10, 11, 15, 18]

Dabei erhöht sich die Tendenz zur Bildung amorpher Anteile mit steigender Zahl und Menge der zugesetzten Komponenten. Die entsprechenden theoretischen Grundlagen werden im folgenden Kapitel erörtert.

3.1.5 Entstehung eines amorphen Anteils

In thermisch gespritzten Al_2O_3-haltigen Mischungen tritt neben den Hauptphasen auch ein amorpher Anteil auf, wobei der Begriff amorph hier in Bezug auf die Nachweisbarkeit kristalliner Strukturen mit Hilfe der Röntgen- und Elektronenbeugung verwendet wird und damit die Information über das Fehlen einer Fernordnung im Bereich >1-10 nm gegeben ist. Der amorphe Anteil ist in erster Linie von der Abkühlgeschwindigkeit und vom Grad der Durchmischung abhängig. Je größer die Abkühlrate und je besser die Durchmischung ist, je größer die Zahl und je ausgewogener die Anteile der einzelnen Komponenten sind, desto größer ist die Tendenz zur Ausbildung eines amorphen Anteils. Für die eutektische Zusammensetzung im System Al_2O_3-ZrO_2 können bei einer Abkühlrate >10^4 K/s komplett amorphe Zustände erhalten werden. In Tabelle 3-2 sind vier Beispielanalysen, drei an thermisch gespritzten und eine an aus der Gasphase abgeschiedenen Schicht dargestellt. Der amorphe Anteil bewirkt allgemein eine stärkere Schichthaftung. Unter bestimmten Voraussetzungen führt er zu verbesserten mechanischen Eigenschaften wie höhere Zähigkeit und Abrasionsbeständigkeit. Zur Schaffung dieser Voraussetzungen sind zwei Grundmodelle denkbar: Erstens harte Teilchen in einer zäheren Matrix und zweitens Schichtfolgen aus zähen und harten Phasen. Dafür ist jedoch eine genaue Steuerung des Volumenanteils und seiner Verteilung notwendig. [21, 38, 56, 57, 61, 73, 93, 99, 102-108, 110-118]

Da der amorphe Anteil unter anderem mit dem Vorhandensein von Al_2O_3 zusammenhängt, ist es denkbar, dass das Al_2O_3 in Analogie zur Struktur von klassischen Glassystemen als Netzwerkbildner wirkt. Ausgehend von den bekannten Prinzipien in klassischen Glassystemen kann abgeleitet werden, warum in Al_2O_3-haltigen Mischungen amorphe Zustände auftreten können. Ein System neigt umso stärker zur Glasbildung, je niedriger die Koordinationszahl des Kations ist, Spezies mit einer Koordinationszahl von vier zeigen eine höhere Neigung zur Glasbildung als solche mit einer Koordinationszahl von sechs oder höher. Des Weiteren ist eine hohe Bindungsenergie notwendig, damit sich über Sauerstoff vernetzte Ketten und somit ein Glasnetzwerk ausbilden können. Für schmelzflüssiges Al_2O_3 liegt die Koordinationszahl des Al3+-Ions bei 4,1 bis 4,4 und im daraus bei schneller Abkühlung entstehenden γ-Al2O3 bei genau 4. Die Bindungsenergie eines vierfach koordinierten Al^{3+}-Ions liegt in einem Bereich, der die Glasbildung ermöglicht. Die Koordinationszahl von Al^{3+}-Ionen kann auch durch Zusätze in Richtung 4 verschoben werden, wie z.B. im Glassystem 12CaO·7Al$_2$O$_3$. In amorphem Al_2O_3 beträgt die Koordinationszahl im Durchschnitt 4,5 und es existiert eine gewisse Verteilung der Koordinationszahlen zwischen 4 und 7. Diese Verteilung ist kennzeichnend für den amorphen Zustand und verschwindet bei einer Kristallisation vollständig. In einer Schmelze aus TiO_2 ist das Ti^{4+}-Ion in der Koordination 5 vorhanden. Die Koordinationszahl kann, wie beim Al^{3+}-Ion durch die Umgebung beeinflusst werden, z.B. bewegt sich die Koordinationszahl des Ti^{4+}-Ions in einem Natriumsilikatglas im Bereich von 4 bis 6 in Abhängigkeit vom Mengenverhältnis des Na_2O zum SiO_2. In amorphem ZrO_2 liegt die Koordinationszahl des Zr^{4+}-Ions bei ca. 7, eine ähnliche Zahl ist auch für den flüssigen Zustand zu vermuten. Damit ist mit dem hier untersuchten ternären System ein den klassischen Gläsern ähnliches

Tabelle 3-2: Beispiele für quantitative Phasenanalyse mit Bestimmung des amorphen Anteils; APS=Atmosphärisches PlasmaSpritzen, CVS=Chemical Vapour Sythesis

Material	Methode	Anteil α-Al_2O_3 [ma.%]	Anteil γ-Al_2O_3 [ma.%]	Anteil χ-$Al_2O_3 \cdot TiO_2$ [ma.%]	c-ZrO_2 [ma.%]	t-ZrO_2 [ma.%]	m-ZrO_2 [ma.%]	amorpher Anteil [ma.%]	Quelle
Al_2O_3	APS	3.7±0.1	84.0±0.7	-	-	-	-	12.0±0.7	[21]
Al_2O_3-13ma.% TiO_2	APS	10	-	40	-	-	-	50	[93]
ZrO_2- 60ma.% Al_2O_3	APS	6	44	-	-	6	15	29	[56]
ZrO_2- 50ma.% Al_2O_3	CVS	-	-	-	-	-	-	100	[61]
ZrO_2- 30ma.% Al_2O_3	CVS	-	-	-	-	-	-	100	[61]
ZrO_2- 15ma.% Al_2O_3	CVS	-	-	-	100	-	-	0	[61]
ZrO_2- 5ma.% Al_2O_3	CVS	-	-	-	-	84	16	0	[61]
ZrO_2- 3ma.% Al_2O_3	CVS	-	-	-	-	81	19	0	[61]
ZrO_2	CVS	-	-	-	-	78	22	0	[61]

System aus Netzwerkbildnern und Netzwerkwandlern vorhanden, wobei die notwendige Bedingung zu dessen Bildung die im Vergleich zum Korund durch schnelle Abkühlung und/oder Zusätze induzierte Verringerung der Koordinationszahl des Al^{3+}-Ions ist. Reines Al_2O_3 geht bei Abkühlraten >10^7 K/s in den amorphen Zustand über. [22, 112, 119-126]

3.1.6 Phasenumwandlung unter Temperatureinwirkung

Unter Temperatureinwirkung finden zwei grundlegende Prozesse statt. Zum einen gibt es Phasenumwandlungen hin zum thermodynamischen Gleichgewicht bei der jeweiligen Behandlungstemperatur und zum anderen treten Sinter- und Kornwachstumsprozesse auf. Dabei bestimmt der Temperaturaspekt den Phasenbestand unmittelbar, während der Kornwachstumsaspekt die Phasen über die Abhängigkeit der Stabilität von einer bestimmten Kristallitgröße beeinflusst. Der Einfluss dieser zwei Prozesse auf die Mikrostruktur wird in einem eigenen Kapitel diskutiert.

Das γ-Al_2O_3 wandelt sich über die Zwischenstufen δ- und Θ-Al_2O_3 in das α-Al_2O_3 um. Der erste Schritt erfolgt bei Temperaturen von ca. 900°C, der letzte bei 1050-1180°C, wobei dieser unabhängig von der Dauer der Behandlungsstufen ist. In Abhängigkeit von der Keimdichte vollzieht sich die Umwandlung zu α-Al_2O_3 schneller oder langsamer. In TiO_2- und ZrO_2-haltigen Systemen wird die Umwandlung des γ-Al_2O_3 zum α-Al_2O_3 beschleunigt, wobei TiO_2 einen stärkeren Einfluss hat. Die Phase χ-$Al_2O_3 \cdot TiO_2$ geht in β-Al_2TiO_5 über. Wenn die Behandlungstemperatur jedoch im Bereich von 800-1200°C liegt, entsteht α-Al_2O_3 und Rutil. Die festen Lösungen von Al_2O_3 in ZrO_2 sind bei allen Temperaturen metastabil. Aus amorphen eutektischen Mischungen von Al_2O_3 und ZrO_2 kristallisiert bei 900°C zuerst t-ZrO_2, dann folgt bei 1000°C γ-Al_2O_3, welches ab 1100°C in δ-Al_2O_3 und anschließend in α-Al_2O_3 übergeht. Mit steigender Größe der t-ZrO_2-Körner steigt nach dem Abkühlen der Anteil an m-ZrO_2. Desweiteren bildet sich im Dreistoffsystem $ZrTiO_4$. Start und Ablauf der Umwandlung in α-Al_2O_3 sind in hohem Maße von der Verdichtung und der

Grundlagen

Korngröße abhängig. In über den Sol-Gel-Prozess hergestelltem γ-Al$_2$O$_3$ erfolgt die Umwandlung in die α-Modifikation meist ohne nachweisbare Zwischenstufen und bereits ab einer Temperatur von 750°C. Über CVS hergestellte Al$_2$O$_3$-ZrO$_2$ Mischungen zeigen nach einer Temperaturbehandlung von 900°C erste Spuren von η- und γ-Al$_2$O$_3$, ab 1100°C tritt Θ-Al$_2$O$_3$ auf. Es gibt auch Angaben, nach denen das Al$_2$O$_3$ aus dem amorphen Anteil nicht in der γ-Modifikation kristallisiert, sondern direkt in δ- oder Θ-Al$_2$O$_3$ übergeht. [19, 25, 28, 38, 49, 61, 62, 64, 72, 91, 93, 99, 103, 109]

3.1.7 Quantitative Phasenanalyse

Für die quantitative Phasenanalyse gibt es ausgehend von Röntgenbeugungsdiagrammen zwei unterschiedliche Verfahrensweisen: den Vergleich der Höhen einzelner Reflexe mit einer Referenz (RIR-Methode: reference intensity ratio) und die integrale Rietveldmethode, welche die Flächen aller Reflexe beurteilt.

Eine weitere Methode ist der Einsatz von Elektronenbeugung mit entsprechender Statistik an geschliffenen Proben.

3.1.7.1 Analyse über RIR-Werte

Unter der stark vereinfachenden Annahme, dass die Reflexhöhenverhältnisse in einem Röntgenbeugungsdiagramm nur von der Konzentration der Komponenten abhängig sind, können diese zu einer Quantifizierung herangezogen werden. Im Allgemeinen wird jeweils der stärkste Peak der beteiligten Phasen verwendet. Dabei sind die RIR-Werte für die meisten Phasen tabelliert, so dass der Volumenanteil von der Analysesoftware zumeist automatisch mit ausgegeben wird. Eine Problematik hierbei besteht in der Auswahl der korrekten Ausgangsdaten und in der unbekannten Genauigkeit der tabellierten RIR-Werte. Bei optimalen Bedingungen kann eine Genauigkeit für Hauptphasen von ±5 ma.% erreicht werden, wobei die Genauigkeit durch die Verwendung eines inneren Standards überprüft werden sollte. Wenn Phasen enthalten sind, die nicht korrekt ausgewertet wurden, steigt der Fehler stark an. Die Bestimmung eines amorphen Anteils ist möglich. Diese Methode liefert dann gute Resultate, wenn die Komponenten die gleiche Kristallinität aufweisen und keine Vorzugsorientierung besteht. [127-129]

Beispiele für die Bestimmung der Phasenverhältnisse von Mischungen die stabile und metastabile Modifikationen von Al$_2$O$_3$, ZrO$_2$ und TiO$_2$ enthalten, sind in den Referenzen [25, 73, 82, 91, 96, 130] aufgeführt.

3.1.7.2 Rietveldanalyse

Die sogenannte Rietveldmethode besteht darin, mathematische Profilfunktionen an ein gemessenes Beugungsdiagramm anzupassen. Damit können sich überlappende Peaks aufgelöst werden. Wenn die errechneten Verläufe mit hinreichend genauer Näherung den gemessenen entsprechen, kann die Fläche unter den Kurven der einzelnen Komponenten mit deren Mengenanteilen verknüpft werden. Die Vorteile dieser Methode bestehen in einer hohen Genauigkeit und der Möglichkeit einer mathematischen Beschreibung der Genauigkeit. Diese Methode ist für Multikomponentenmischungen unterschiedlicher Kristallinität und damit auch für thermisch gespritzte Schichten geeignet. Es können Komponenten mit fast identischem Beugungsmuster getrennt werden. Bei akkurater Anwendung liegt der absolute Fehler bei Werten <1 %. Dabei gibt es zur Bestimmung des amorphen Anteils zwei verschiedene Herangehensweisen. Zum einen kann eine als kristallin angenommene Struktur eingefügt werden, die die Form der amorphen Buckel beschreibt und deren Anteil dann dem amorphen Anteil gleichgesetzt wird. Zum anderen kann die Differenz zwischen dem errechneten Anteil und der bekannten Menge eines inneren Standards zur Berechnung des amorphen Anteils genutzt werden. Desweiteren können aus der Reflexform und aus eventuellen Verschiebungen der Reflexe Aussagen über z.B. innere Spannungen, Kristallitgrößen, Besetzungsdichten oder Mischkristallbildung erhalten werden. [21, 35, 36, 57, 68, 113, 128, 131-142]

Weitere Details, Einschränkungen und Besonderheiten des in dieser Arbeit untersuchten Systems werden im Ergebnisteil weitergehend diskutiert.

3.1.7.3 Elektronenbeugung

Bei dieser Methode wird ein Beugungsmuster, welches durch die Wechselwirkung des einfallenden Elektronenstrahls mit dem Kristallgitter der Probe entsteht, detektiert und ausgewertet. Dabei ist eine flächenhafte Bestimmung der Beugungsmuster und damit eine ortsaufgelöste Zuordnung von Kristallsystemen und deren Orientierung möglich. Mit gewissen Einschränkungen können so Phasen identifiziert und einzelne Kristallite abgebildet werden. Die Auflösungsgrenze wird durch den Elektronenstrahldurchmesser bestimmt und liegt in der Größenordnung 50 nm. Damit ein hoher Anteil an auswertbaren Beugungsbildern erhalten wird, müssen die Proben eine sehr glatte Oberfläche aufweisen. Die Information, die sich in den Beugungsbildern widerspiegelt kommt aus einer maximalen Tiefe von 100 nm, so dass der Probenpräparation größte Aufmerksamkeit gewidmet werden muss. Bei nichtleitenden Proben, wie den hier untersuchten oxidischen Mischungen, ist ein Bedampfen der Oberfläche mit einem leitfähigen Material wie Kohlenstoff oder Platin notwendig, um eine Aufladung der Probe zu minimieren. [143-147]

3.2 Darstellung und Charakterisierung der Mikrostruktur
3.2.1 Mikrostruktur im verspritzten Zustand

Die Mikrostruktur im verspritzten Zustand ist geprägt durch abgeflachte Tropfen, nachfolgend Lamellen genannt, von parallel zur Substratnormalen ausgerichteten Rissen, nicht oder teilweise aufgeschmolzenen Partikeln und von einer intralamellaren geschlossenen Porosität. Dabei treten die Poren in verschiedenen Größen auf und entstehen einerseits beim Abkühlvorgang durch Austreten der in der Schmelze gelösten Gase oder durch schon im geschmolzenen Material eingeschlossene Gasblasen. Die vertikal zum Substrat orientierten intralamellaren Risse entstehen durch Spannungen beim Abkühlen und

Schrumpfen der Tropfen, wobei die Abkühlspannungen innerhalb der einzelnen Tropfen die Festigkeit des Materials deutlich übersteigen. Innerhalb von Lamellen treten säulenartig gewachsene Kristallite auf. Diese durchziehen dünnere Lamellen komplett, bei größeren gehen sie ab einer gewissen Länge in eine äquiaxiale Kristallitform über. Die Ursache dafür ist der Gradient der Abkühlgeschwindigkeit, der sowohl durch die Wärmeabfuhr über die Unter- oder Kontaktseite des Tropfens als auch durch die freiwerdende Kristallisationswärme bestimmt wird. Ebenso spielt die Kristallwachstumsgeschwindigkeit eine Rolle. In dünneren und damit stärker säulenartig strukturierten Lamellen wird in Al_2O_3-Schichten tendenziell mehr γ-Al_2O_3 gefunden, in dickeren Lamellen tritt hingegen mehr α-Al_2O_3 auf. Amorphe Anteile treten zumeist an Stellen größter Abkühlgeschwindigkeit in Erscheinung. Der interlamellare Kontakt wird durch das Benetzungsverhalten, durch die Viskosität und durch adsorbierte Medien bestimmt und liegt zwischen 20 und 30 % der Lamellenfläche. Die Abflachung der Tropfen beim Auftreffen erfolgt wesentlich schneller als deren Erstarrung. Die Dichte von vertikalen Rissen beträgt im Allgemeinen 1-2 $\mu m/\mu m^2$. An dieser Stelle sei noch einmal auf den signifikanten Unterschied in der Phasenverteilung in der Schicht zwischen dem Einsatz von Pulvern und Stäben bzw. Drähten als Ausgangsmaterial verwiesen. Während sich im Falle des Verspritzens von Pulvern beim Einsatz gleicher Zusammensetzungen deutlich unterschiedlich zusammengesetzte Lamellen ausbilden und dies sehr gut in Abbildungen von Rückstreuelektronen zu sehen ist, reicht die Auflösung dieses Abbildungsmodus beim Einsatz von Stäben nicht aus, um unterschiedliche Kontraste zu erzeugen. Die Porosität hängt entscheidend vom eingesetzten Material, also von der Schmelztemperatur, vom Lösungsvermögen für Gase und von der Viskosität ab. [19, 25, 57, 72, 74, 92, 94, 95, 97, 99, 100, 131, 148-155]

3.2.2 Mikrostrukturelle Änderungen unter Temperatureinwirkung

Bei einer Wärmebehandlung treten zwei die Mikrostruktur signifikant verändernde Prozesse auf. Der erste ist durch Phasenumwandlungen hin zur jeweiligen stabilen Modifikation, der zweite durch die bei höheren Temperaturen sich anschließenden Umordnungs-, Korn- und Porenwachstumsprozesse geprägt. Dabei bleibt der lamellare Aufbau wesentlich länger bestehen als die säulenartige Struktur innerhalb der Lamellen. Wenn die Phasenumwandlung, wie im Falle von γ- zu α-Al_2O_3, mit einer Dichteerhöhung verbunden ist, entsteht eine Mikroporosität, wobei die säulenartige Struktur vorerst erhalten bleibt. Das γ-Al_2O_3 wandelt sich langsam in δ-Al_2O_3 um und es bilden sich kettenförmig angeordnete, geschlossene Poren mit einer Größe von ca. 10 - 20 nm und einem Abstand zueinander von ca. 50 nm. Dies ist auf eine spannungsinduzierte gerichtete Diffusion zurückzuführen. Eine weitergehende Temperaturbehandlung führt zu einem wachsenden Anteil an δ-Al_2O_3 und zu einer sich an den Domänengrenzen ansammelnden Mikroporosität. Die Mikroporen sind über kontinuierliche Versetzungslinien miteinander verbunden. In der sich bei noch höheren Temperaturen und längeren Zeiten anschließenden Umwandlung in α-Al_2O_3 verschwindet die säulenartige Struktur vollständig. Die Lamellen bestehen dann komplett aus für Korund typischen länglichen Körnern mit einer stark ausgeprägten intragranularen Porosität. Während die intralamellaren Risse im Verlauf der Sinterung relativ schnell komplett ausheilen, bleiben die früheren Lamellengrenzen oder interlamellaren Risse noch etwas länger erhalten und sind bis zu einer gewissen Behandlungsdauer als Porenketten sichtbar. Dabei steigt die Gesamtporosität mit zunehmender Umwandlung zum α-Al_2O_3 zunächst an, sinkt danach jedoch durch den sich anschließenden Sinterprozess. Der Zuwachs an Porosität ist auf die umwandlungsbedingt intragranulare und damit geschlossene Porosität zurückzuführen. Alle hier beschriebenen Vorgänge sind auch für Mehrstoffsysteme, in denen Al_2O_3 als Hauptkomponente vorliegt, gültig. Die Kinetik wird sich jedoch verändern und es werden eventuelle Phasenneubildungen oder Ausscheidungen hinzukommen. Die makroskopisch beobachtete Schwindung ist ebenfalls auf diese zwei Prozesse zurückzuführen. So gibt es eine Verdichtung durch Sinterung über Diffusion und eine Verdichtung durch Phasenumwandlung. In Abhängigkeit von der ursprünglichen Keimdichte entstehen dabei jedoch unterschiedliche Korngrößen und Porenvolumina. Es tritt eine geringere Schwindung des Werkstückes auf, als ausgehend von der Dichteänderung der Phasen erwartet werden könnte. Die Sinterung ist gegenüber klassischen grobkörnigen Systemen beschleunigt. Auf eine Änderung der mechanischen Eigenschaften hat der Sinterprozess den wesentlichen Einfluss. [19, 20, 25, 62, 74, 99, 131, 148, 149, 152, 156-159]

3.2.3 Trend zu Nanostrukturen

Der Nachteil, der bei nicht optimaler Wahl der Spritzparameter durch unvollständige Aufschmelzung von pulverförmigem Material für die Eigenschaften der Schicht entsteht, kann durch den Einsatz von Nanopulver in einen Vorteil umgewandelt werden. In vielen Veröffentlichungen werden die potentiellen und realen Vorteile von Nanostrukturen innerhalb von Spritzschichten hervorgehoben. Eine sehr ausführliche Zusammenfassung des aktuellen Standes der Forschung und der Anwendung ist in Referenz [160] gegeben. Ein wesentlicher Nachteil beim Einsatz von Nanopulvern besteht darin, dass die Pulvervorbereitung für den Spritzprozess um einige Prozessschritte der Agglomeration und Sinterung erweitert werden muss, da eine grundlegende Bedingung der eingesetzten Materialien ihre pneumatische Förderbarkeit ist.

Eine andere Möglichkeit, Nanostrukturen zu erhalten, besteht darin, metastabile Systeme, wie z.B. die χ-Al_2O_3·TiO_2-Phase im System Al_2O_3-TiO_2, bewusst zu erzeugen und deren Anteil durch genauere Steuerung der Spritzparameter und Abkühlvorgänge zu beeinflussen. Generell können über die Kristallisation aus metastabilen und/oder amorphen Zuständen oder aus eutektisch erstarrten Regionen nanostrukturierte Bereiche erhalten werden, die die mechanischen Eigenschaften im Vergleich zu einem System identischer chemischer Zusammensetzung mit gröberer Mikrostruktur wesentlich verändern.

Das Grundprinzip bzw. die Motivation zum Einsatz von Nanopartikeln besteht in einer Beeinflussung der Rissausbreitung im Falle einer mechanischen Belastung. Die nanostrukturierten Bereiche bewirken eine verstärkte Rissverzweigung und Rissstoppung und führen so zu einer Vergrößerung des Anteils an neugebildeten Grenzflächen und damit zu einer Erhöhung der Bruchenergie. Somit entsteht eine komplexe Pseudoplastizität, die sich in höheren Bruchdehnungen äußert. Diese Eigenschaften beeinflussen und verbessern die Thermoschock- und Abrasionsbeständigkeit in erheblichem Maße. Der lamellare Aufbau tritt dabei zunehmend in den Hintergrund bzw. verschwindet vollständig. [32, 73, 93, 94, 98, 99, 154, 161-166]

3.3 Mechanische Charakterisierung
3.3.1 Strategien zur Probenherstellung

Zur Ermittlung mechanischer Kennwerte stehen zwei grundlegende Strategien zur Auswahl: Tests mit und Tests ohne Substrat, bzw. Betrachtung des Werkstoffverbundes oder der Schicht.

Beim Test mit Substrat stehen einerseits die verschiedenen Eindruckmethoden (Erzeugung von Eindrücken mittels Vickers-, Rockwell- oder Knoopspitze) zur Bestimmung von E-Modul und Bruchzähigkeit oder die Biegung mit Substrat und Beurteilung der Schädigung oder Spannungsverläufe und andererseits Bestimmung der Haftfestigkeit durch Zug- oder Scherbeanspruchung, Thermoschockversuche und Versuche mit abrasiver Beanspruchung zur Verfügung. Der Vorteil dieser Strategie besteht in einer Charakterisierung des Verbundes, so dass eine Beurteilung des Verhaltens der Schicht in der jeweiligen Anwendung möglich ist. Die Nachteile bestehen darin, dass stets eine nicht exakt bestimmbare Wechselwirkung zwischen Substrat und Schicht besteht und damit Materialkennwerte entweder gar nicht oder nur sehr eingeschränkt ermittelt werden können. Diese Variante soll hier nicht weiter diskutiert werden, da im Rahmen dieser Arbeit Untersuchungen an freistehende Schichten durchgeführt werden.

Wenn freistehende Schichten getestet werden, dann stehen die klassischen Methoden der 3- und 4-Punktbiegung zur Bestimmung der Materialkennwerte Festigkeit und E-Modul und K_{IC}-Bestimmung und Energiefreisetzungsrate über die Beanspruchung gekerbter Proben zur Verfügung. Diese können problemlos mit Thermoschockversuchen kombiniert werden. Der Nachteil dieser Strategie besteht in einem zusätzlichen Arbeitsschritt der Probengewinnung, der mit einer mechanischen Bearbeitung verbunden ist. Diese Bearbeitung beeinflusst in nicht exakt bestimmbaren Ausmaß die durch Risse geprägte Mikrostruktur, wobei zumeist zwei Grundaspekte zu beachten sind: einerseits das Ablösen der Schicht vom Substrat und andererseits die trennende Bearbeitung zur Erlangung geeigneter Probengeometrien. Um die Beeinflussung der Rissstruktur durch den ersten Bearbeitungsschritt zu verringern, können verschiedene Verfahren angewendet werden, wobei in der Literatur die Varianten Verspritzen auf oxidierbare Substrate, wie z.B. Kunststoff oder Grafit, oder chemisches Wegätzen von metallischen Substraten beschrieben sind. Zumeist werden die Proben jedoch komplett gesägt und eventuell noch poliert. Beispiele für verschiedenste Kennwerte und deren Gewinnung sind in Tabelle 7-1 zusammengestellt. [81, 94, 104, 105, 130, 152, 158, 167-172]

3.3.2 Bruchmechanische Aspekte

Da sich thermisch gespritzte Schichten durch eine lamellare und rissbehaftete Mikrostruktur auszeichnen, entsteht eine komplexe Wechselwirkung dieser Mikrostruktur mit der die mechanischen Kennwerte bestimmenden Rissausbreitung. Die mechanischen Eigenschaften werden durch die Art und Dichte der sich ausbildenden Mikrorisse, durch die Porendichte und -verteilung, durch die Verteilung des amorphen Anteils, durch die Lamellendimensionen und durch den interlamellaren Kontakt bestimmt. Eine besondere Bedeutung kommt dabei dem Rissfortschritt und der damit verbundenen Risszähigkeit zu. Selbst wenn dieser Parameter in der vorliegenden Arbeit nicht bestimmt wird, so muss er dennoch in die theoretischen Grundüberlegungen mit einbezogen werden, da die Festigkeit durch die Bruchzähigkeit maßgeblich bestimmt wird. Wie bereits im Kapitel „3.2.1 Mikrostruktur im verspritzten Zustand" dargelegt, zeichnet sich die Mikrostruktur nach dem Verspritzen durch verschiedene Klassen und Dichten schon vorhandener Mikrorisse aus. Dabei vergrößern diese in spröden Materialien die Bruchdehnung durch das Ausbilden einer Prozesszone in der Umgebung einer sich ausbreitenden Makrorissspitze. Somit ist ein pseudoplastisches Verhalten zu beobachten, da es durch Rissöffnung, -schließung, -verzweigung, -überbrückung und Verzahnung bzw. Reibung von Rissflanken zu einer Energiedissipierung kommt. Damit sind Materialien mit einer solchen Mikrostruktur sowohl für Thermoschockanwendungen als auch für eine maschinelle Bearbeitung geeignet. Unter bestimmten Voraussetzungen ist in nanostrukturierten Bereichen eine Verstärkung dieser Verzweigungsmechanismen und damit eine Verstärkung der Rissstoppung zu beobachten. Darüber hinaus stehen die einzelnen Lamellen zusätzlich unter starken vom Abschreck- und Aufschrumpfprozess herrührenden Spannungen, die nur teilweise durch Rissbildung abgebaut wurden. Jede weitere mechanische oder thermomechanische Beanspruchung führt zu einem Risswachstum, wobei das Material dabei anders reagiert als spannungsfreies Material mit einer ähnlichen Mikrostruktur. Die klassische Porosität hat im Allgemeinen eine untergeordnete Wirkung auf die mechanischen Eigenschaften.

Aufgrund der nichtisotropen Mikrostruktur und Orientierung der verschiedenen Rissklassen (im Idealfall horizontale interlamellare und vertikale intralamellare Risse) sind die mechanischen Eigenschaften abhängig von der jeweiligen Richtung. Die Bruchzähigkeit ist dabei in der Schichtebene größer als senkrecht dazu, ebenso der E-Modul. Im Vergleich zum gesinterten Material ist dieser aufgrund der geringen Kontaktfläche zwischen den einzelnen Lamellen in der Größenordnung von 20-30% der Gesamtfläche stark reduziert. Die in der Literatur angegebenen E-Modul-Werte sind zumeist Mischungen aus verschiedenen Richtungen des anisotropen Materials. Ein weiterer bestimmender Faktor ist der eigentliche E-Modul des in der Schicht vorhandenen Materials. Beim Einsatz von

Nanostrukturen verringert sich die Tendenz zur Bildung der lamellaren Struktur und es erfolgt ein Übergang zu isotropen Eigenschaften, der mit einer Änderung des Rissausbreitungsverhaltens von inter- zu transgranular verbunden ist.

Bei Belastung können zwei Arten von Rissereignissen unterschieden werden: Wachsen von einzelnen Mikrorissen und Entstehung von Makrorissen durch Rissvereinigung. Dabei sind die Makrorisse meist direkt mit einem kompletten Versagen der Schicht verknüpft. Eine weitere Konsequenz des lamellaren Aufbaus ist das Auftreten von R-Kurvenverhalten, wobei dieses Verhalten durch die Größe der die Mikrostruktur prägenden Bereiche bestimmt wird. Hier sind dies zum einen der säulenartige Aufbau der Lamellen und die Lamellengröße bzw. die Größe eventueller nanostrukturierter oder amorpher Bereiche. Im Einzelnen bedeutet das, dass die Effekte der Rissüberbrückung erst bei größeren Risslängen (ungefähr im Bereich der Lamellengröße) wirksam werden. Dabei verlaufen die Risse im System Al_2O_3 meist intralamellar. Nach einer entsprechenden Temperaturbehandlung verändert sich dieser Verlauf zu interlamellar. Dies beeinflusst das R-Kurvenverhalten hin zu einem stärkeren Anstieg am Beginn der R-Kurve. Solange Lamellen erkennbar sind, tritt auch R-Kurvenverhalten auf. Nach einer Temperaturbehandlung bei 900°C ist der stärkste Anstieg am Anfang der R-Kurven zu verzeichnen. Mit längeren Rissen (> 30-40 µm) gleichen sich die Anstiege von verspritzten und getemperten Proben wieder an. Diese Veränderung wird durch die Reduzierung der vorgezeichneten einfachen Risswege innerhalb der Lamellen und durch den Übergang zum Mechanismus der Rissüberbrückung verursacht. Der Flächenanteil der Lamellenkontakte bestimmt die Bruchzähigkeit und damit die Festigkeit nach einer Temperaturbehandlung bei höheren Temperaturen. Im Bereich von 900 - 1050°C hat die Verfestigung der Säulenstruktur innerhalb der Lamellen einen wichtigen Anteil an diesem Anstieg. Bei einer Sinterung werden die Risse und allgemein die Porosität verringert. Damit steigt der E-Modul, die Festigkeit und die thermische Leitfähigkeit. Wenn keine Effekte hinzukommen, die eine Neuentstehung von Mikrorissen bewirken, dann wird die Energiedissipierung verringert. Die Umwandlung von t- in m-ZrO_2 und Ausscheidungen mit einem von der Matrix signifikant verschiedenen Ausdehnungskoeffizienten sind Beispiele für Mechanismen zur Rissneubildung. Generell sind die absoluten Werte (siehe Tabelle 7-1) für die Bruchzähigkeit niedriger als bei gesinterten Werkstoffen. Der potentielle Einfluss des R-Kurvenverhaltens auf das Thermoschockverhalten wird im Kapitel „5.4.3 Thermoschockversuche an temperaturbehandelten Proben" weitergehend diskutiert.

Die für rissfreie Keramiken bekannten Betrachtungen zu den Bereichen der Rissentstehung, des stabilen und des instabilen Risswachstums in Abhängigkeit von der Spannungsintensität sind nicht ohne Weiteres auf thermisch gespritzte Schichten anwendbar, schließlich ist ein Wert wie K_{I0} für rissbehaftete Materialien nicht definierbar. Die Vielzahl bereits vorhandener Mikrorisse und vorgeprägter Risswege macht die Definition einer Rissspitze und die Betrachtung deren Fortschreitens schwierig. Hinweise auf eine Wechselwirkung zwischen äußerer Spannung und Verhalten der Mikrorisse können aus dem

Verlauf des Momentanmoduls erhalten werden. Diese Betrachtungen werden im Ergebnisteil, insbesondere im Kapitel „5.4.1 Ermittlung mechanischer Kennwerte aus der 3-Punkt-Biegung" weiter ausgeführt. [25, 27, 82, 96, 98, 99, 131, 148, 149, 151-155, 158, 159, 162, 164, 168, 173-184]

3.3.3 Konsequenzen für Thermoschock

Der Thermoschock ist durch zwei gleichzeitig ablaufende Mechanismen charakterisiert: Spannungsaufbau und Spannungsabbau. Der Spannungsaufbau wird durch den E-Modul der Probe und den Temperaturgradienten bestimmt, also zum einen durch die Materialeigenschaften E-Modul, Wärmeleitfähigkeit, Wärmekapazität und zum anderen durch die Probeneigenschaften Wärmeübergang, Porosität und Rissmuster (Mikrostruktur). Der Spannungsabbau erfolgt durch Risswachstum, welches wiederum durch die Spannungsfelder, die Risszähigkeit und die Rissmuster bestimmt wird.

Für die experimentelle Beurteilung der Thermoschockbeständigkeit lassen sich, wie schon bereits im Kapitel „3.3.1 Strategien zur Probenherstellung" verdeutlicht, zwei grundlegende Vorgehensweisen unterscheiden. Einerseits geht es um eine Beanspruchung von Schicht mit Substrat, die zumeist auf die Darstellung der Anzahl der Zyklen bis zum Auftreten eines Versagenskriteriums, wie z.B. das Auftreten von makroskopischen Rissen oder Abplatzungen gerichtet ist. Andererseits geht es um das Beanspruchen von freistehenden Schichten, an denen dann, wie bei klassischen Thermoschockuntersuchungen, die Festigkeit nach dem (oder mehreren) Schock(s) gemessen wird. Eine Beurteilung nach Anzahl der überstandenen Schocks ist hier ebenfalls möglich. Dabei hat die zweite Methode den Vorteil, dass konkrete Messwerte über den absoluten und relativen Verlauf, beispielsweise der Restfestigkeit, und konkrete Thermoschockparameter erhalten werden können. Sie sagt jedoch nichts über den Einfluss der Wechselwirkung zwischen Schicht und Substrat beim Thermoschock aus. Der E-Modul hat bei beiden Herangehensweisen den entscheidenden Einfluss, da er für die Menge der elastisch gespeicherten und damit für die zur Rissausbreitung bereit stehenden Energie maßgeblich ist. Daraus ergibt sich, dass verspritzte Schichten, welche hauptsächlich aus γ-Al_2O_3 bestehen, bei Thermoschockbeanspruchung wesentlich widerstandsfähiger sein sollten als temperaturbehandelte Schichten mit gleicher Mikrostruktur. Für γ-Al_2O_3 kann aufgrund der sehr ähnlichen Kristallstruktur ein dem Spinell vergleichbarer E-Modul von ca. 240 GPa erwartet werden. In diesem Denkmodell sind ⅔ der Mg^{2+}-Plätze durch Al^{3+}-Ionen ersetzt. Der E-Modul von α-Al_2O_3 liegt bei 380 GPa. Wenn die Schicht mit Substrat getestet wird, dann spielt darüber hinaus auch noch die Differenz der Ausdehnungskoeffizienten von Schicht und Substrat eine wichtige Rolle.

Mikrorisse beeinflussen wichtige Aspekte des Thermoschockverhaltens. So kommt es zu einer Erhöhung der Plastizität bei gleichzeitiger Verringerung des E-Moduls und der thermischen Leitfähigkeit. Im Gegensatz zu rissfreien Keramiken ist nicht die Rissentstehung der entscheidende Punkt, sondern der Beginn des Risswachstums mit den sich anschließenden Prozessen der Rissverzweigung und Rissablenkung und dem wiederum darauf folgenden Prozess der Rissvereinigung und Makrorissbildung. Für eine gute Thermoschockbeständigkeit sollten Risse leicht zu initiieren sein oder bereits existieren und dann aber viel Energie beim Wachstum verbrauchen. In gesinterten Keramiken stellt die kritische Temperaturdifferenz, bei der ein signifikanter Festigkeitsabfall stattfindet, den Übergang zwischen stabiler und instabiler Rissausbreitung dar. Diese Trennung ist jedoch nicht exakt, da an der Oberfläche der Probe immer instabile Rissausbreitung auftritt. In thermisch gespritzten Schichten kann dieser Übergang, falls eine solche kritische Temperaturdifferenz auftritt, mit der Entstehung von Makrorissen verknüpft werden, wobei diese sehr stark von der Probengeometrie abhängig sind. Für das Versagen von Schicht mit Substrat, bzw. im Anwendungsfall sind die Grenzflächenrisse, für das Versagen freistehender Schichten dagegen die in der Schicht wachsenden Risse entscheidend. Somit ist eine hohe Ausgangsrissdichte bis zu einem gewissen Grenzwert gut für Thermoschockanwendungen. Im Fall Schicht mit Substrat bezieht sich dies besonders auf vertikale Risse. [35, 81, 98, 99, 130, 155, 159, 173, 185-198]

4 Herangehensweise und Voruntersuchungen

Aufgrund der vielfältigen Untersuchungsmöglichkeiten zum Flammspritzen in diesem ternären System sollen in diesem Kapitel zunächst einige Voruntersuchungen, Überlegungen und deren Ergebnisse aufgezeigt werden, an denen dann die Festlegung des Schwerpunktgebietes für den Hauptteil dieser Arbeit nachvollziehbar ist. Es werden a priori Festlegungen und während der Voruntersuchungen in die Themenspezifizierung eingeflossene Erkenntnisse dargestellt. Zu Ersteren zählen die Festlegungen des verwendeten Dreistoffsystems auf Al_2O_3-TiO_2-ZrO_2, der Rohstoffe und des Verfahrens des Stabflammspritzens. Letztere sind in den Kapiteln 4.5 - 4.7 beschrieben. Es sollen ansatzweise auch einige nicht weiter untersuchte Nebenrichtungen im Kapitel „6 Ausblick" diskutiert werden. Ausgehend von dem im Grundlagenteil herausgearbeiteten Stand der Technik wird deutlich, dass es in diesem ternären System noch Lücken im Verständnis der Wechselwirkung zwischen der Zusammensetzung und dem amorphen Anteil, zwischen dem amorphen Anteil und den mechanischen Eigenschaften und der Wirkung der Komponenten auf die Phasenentwicklung gibt. Ebenso ermangelt es einer für den Vergleich einer größeren Anzahl an Proben geeigneten technologisch einfachen und preiswerten Art der Probengewinnung für mechanische Tests.

4.1 Nomenklatur

Alle Proben werden im Folgenden ausgehend von ihrer Ausgangszusammensetzung bezeichnet. Die Bezeichnung besteht aus drei Zahlen, welche die Massenanteile der Komponenten Al_2O_3, TiO_2 und ZrO_2 in dieser Reihenfolge darstellen. Dabei bezieht sich die der Zahlenkombination nachfolgende Beschriftung auf den Prozessschritt der jeweiligen

Probe bzw. bezeichnet eine eventuelle Behandlung mit der Angabe von Zeit und Temperatur.

4.2 Rohstoffe

In dieser Arbeit wurden für alle Hauptversuche die in Tabelle 4.4-1 aufgelisteten Rohstoffe verwendet, wobei die Informationen zu Verunreinigungen und Korngrößen Herstellerangaben sind und die Phasengehalte mittels Röntgenbeugungsanalyse überprüft wurden.

4.3 Art des thermischen Spritzens

Die in dieser Arbeit verwendete Form des Flammspritzens zeichnet sich durch die Einbringung des zu verspritzenden Materiales in Stabform aus. Dies bewirkt einen signifikanten Unterschied im Vergleich zum Einsatz von Pulvern. Es wird ein wesentlich höherer Aufschmelzgrad erreicht, da nur flüssiges Material vom Gasstrom abgetragen wird Diese Art des thermischen Spritzens verlangt einen relativ geringen technischen Aufwand, ist dadurch kostengünstig und einfach zu handhaben. Eine Prinzipskizze der Pistole und des Aufschmelzprozesses ist in Abbildung 4.4-1 dargestellt. Abbildung 4.4-2 veranschaulicht Spitzen zweier Al_2O_3-Stäbe mit unterschiedlicher Vorschubgeschwindigkeit nach Gebrauch.

4.4 Stabherstellung

Durch die Einschränkung der für das thermische Spritzen kommerziell erhältlichen Materialien auf wenige binäre Standardzusammensetzungen war die eigene Stabherstellung notwendig, wobei als Formgebungsmethode die Extrusion einer plastischen Masse gewählt

Tabelle 4.4-1: Verwendete Rohstoffe und einige Eigenschaften

Phase	Bezeichnung/ Hersteller	Reinheitsgrad [%]	Verunreinigungen	[%]	d_{50} [µm]
100% Korund	CT 3000 SG Almatis GmbH	> 99	Na_2O	0,06	0,7
			Fe_2O_3	0,03	
			SiO_2	0,07	
			CaO	0,03	
			MgO	0,10	
100% Rutil	TRONOX® TR TRONOX Pigments GmbH	> 99,5	Fe	0,0015	0,2
			K_2O	0,01	
			Na_2O	0,01	
			Nb	0,015	
			P	0,01	
			S	0,01	
100% Baddeleyit	Z100-005S UNITEC CERAMICS	> 98,8 (ZrO_2 + HfO_2)	SiO_2	0,30	0,95
			Al_2O_3	0,33	
			Fe_2O_3	0,00	
			TiO_2	0,08	

wurde. Zahlreiche Voruntersuchungen ergaben, dass der kommerziell erhältliche Spritzguß-binder Siliplast HO (Hersteller Z&S) gemischt mit Ethylenvinylacetat (EVA, Hersteller Abifor AG) einen gut verarbeitbaren Feedstock ergibt. Das EVA bewirkt dabei eine Verringerung der Viskosität, so dass weniger Siliplast HO eingesetzt werden kann als bei alleiniger Verwendung dieses Binders. Ein Gesamtbindergehalt von 18 ma.% mit einem Verhältnis EVA zu Siliplast HO von 1:8 hat sich als sehr gut verarbeitbar erwiesen. Zur Extrusion wurde ein beheizbarer gleichläufiger Doppelschneckenextruder der Firma Brabender OHG verwendet. Die Verarbeitungstemperatur lag bei 160°C. Die hohe Viskosität und die hohe Scherung im Extruder gewährleistete eine wirksame Homogenisierung der Komponenten unterschiedlicher Dichte. Dabei wurden möglicherweise noch vorhandene Agglomerate der Ausgangspulver zerstört. Der Durchmesser des Extrudermundstückes wurde so gewählt, dass die Stäbe nach der Sinterung einen für die Verwendung in die Flammspritzpistole geeigneten Durchmesser aufwiesen. Die Entbinderung der Stäbe erfolgte zuerst in Wasser, um den wasserlöslichen Anteil des Binders

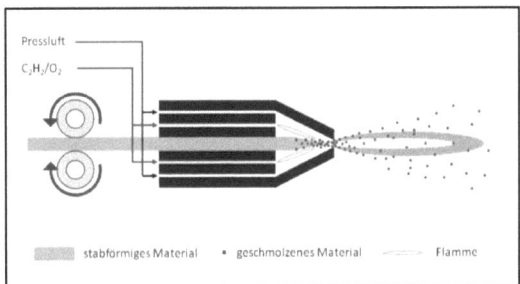

Abbildung 4.4-1: Prinzip des Stabflammspritzens

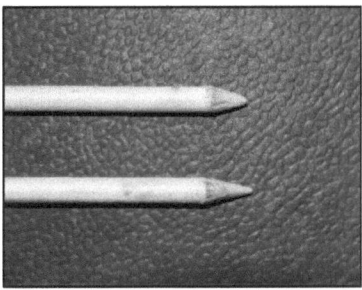

Abbildung 4.4-2: Stabspitzen nach Gebrauch

Abbildung 4.4-3: Anschliff Stab 90:10:0

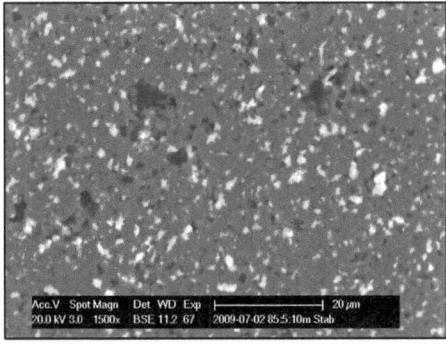

Abbildung 4.4-4: Anschliff Stab 85:5:10

Siliplast HO zu entfernen und Porenkanäle für eine nachfolgende thermische Entbinderung des restlichen Bindergehaltes zu schaffen, wobei die thermische Entbinderung und Sinterung in einem Schritt durchgeführt wurde. Um einen Verzug der Stäbe während des Sinterns durch ungleichmäßige Aufheizung zu vermeiden, wurden diese mit einer grobenKorundschüttung bedeckt. Eine nicht zu große Aufheizgeschwindigkeit sowohl während der Entbinderungs- als auch während der Sinterphase verhinderte ein Reißen der Stäbe. Dabei wurde eine Schwindung von ca. 10 cm auf eine Ausgangsstablänge von ca. 1 m beobachtet, die die Stäbe unversehrt überstanden. Der Grad der Homogenität der Stäbe nach dem Sinterprozess ist beispielhaft in Abbildung 4.4-3 und Abbildung 4.4-4 dargestellt. Durch die Verwendung des Rückstreuelektronenmodus können die Elementkontraste gut zur Beurteilung der Verteilung der Komponenten genutzt werden. Sowohl TiO_2 als auch ZrO_2 sind sehr homogen in einer Al_2O_3-Matrix verteilt. Damit wird auch die Leistungsfähigkeit der Extrusionsmethode bezüglich Homogenität der Verteilung von Komponenten unterschiedlicher Dichte deutlich. Ein erster Effekt zeigt sich folgenderweise: ZrO_2-Teilchen mit einem hohen Kontrast sind von TiO_2-haltigem Material, erkennbar an einem etwas geringerem Kontrast, umgeben. Es gibt also eine Tendenz zur räumlichen Zusammenfindung von TiO_2 und ZrO_2, wobei anzunehmen ist, dass das TiO_2 dabei die mobile Komponente ist.

4.5 Phasengehalte an Modellmischungen

Zu Beginn der Untersuchungen wurden verschiedene binäre und ternäre Mischungen verarbeitet und deren Phasengehalte untersucht, die Ergebnisse dazu sind in Tabelle 4.5-1 zusammengefasst. Das betraf vor allem die äquimolaren Mischungen aus TiO_2 und Al_2O_3, TiO_2 und ZrO_2 und einige ternäre Kombinationen. Wenn keine Hauptphase angegeben ist, dominiert der amorphe Anteil. In Abbildung 4.5-1 sind die Diffraktogramme von den Mischungen 23:58:19 und 42:33:25 verspritzt dargestellt, wobei sich hier Spuren von Korund und Rutil nachweisen lassen. Da dies die thermodynamisch stabilen Varianten der enthaltenen Komponenten sind, ist eine Herkunft aus nicht vollständig aufgeschmolzenem Material anzunehmen. Um die Amorphizität zu verdeutlichen, ist dem Diagramm das Diffraktogramm eines handelsüblichen Kalk-Natron-Silikatglases beigefügt. In Al_2O_3-reichen Mischungen ist γ-Al_2O_3 die vorherrschende Phase. Die Grundidee in Bezug auf die Mischungen 56:44:0, 54:43:3, 49:38:13 und 42:33:25 (Al_2O_3 und TiO_2 equimolar, steigender Anteil von ZrO_2) besteht in der Beurteilung einer eventuellen Wirkung von ZrO_2 auf die Stabilisierung des β-Al_2TiO_5. Dazu wurden die jeweiligen verspritzten Proben 20 h bei 1100°C, der Temperatur mit der höchsten Zerfallsrate des β-Al_2TiO_5, getempert und so der Zerfall in Korund und Rutil analysiert. Die Ergebnisse dieser Untersuchungen sind in Tabelle 4.5-2 dargestellt. Dabei wurden keine Spuren von β-Al_2TiO_5 gefunden und somit ist keine stabilisierende Wirkung feststellbar. Denkbar ist, dass das ZrO_2 bevorzugt mit dem TiO_2 zu $ZrTiO_4$ reagiert und den Zerfall noch beschleunigt. Des Weiteren ist die Art der

Verteilung des ZrO_2 im verspritzten Zustand zu klären. Dies geschieht im Kapitel „4.6 Voruntersuchungen zur Mikrostruktur".In diesen Vorversuchen fanden sich zwei interessante Effekte, die genauer untersucht werden sollten. Bei einer Mischung aller drei Komponenten mit jeweils nicht zu kleinen Anteilen ist nach dem Verspritzen ein amorpher Zustand vorherrschend. Bei der Verwendung äquimolarer binärer Mischungen entstehen die Phasen β-Al_2TiO_5 und $ZrTiO_4$ mit Ausbildung eines geringen amorphen Anteils und Spuren der Phasen der Rohstoffe. Diese beiden Ansatzpunkte, Beeinflussung oder Steuerung des

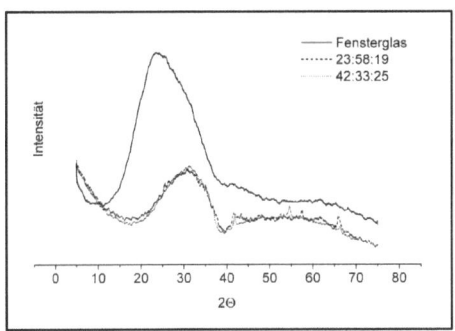

Abbildung 4.5-1: Diffraktogramme von Mischungen mit ausgeprägtem amorphen Buckel

Tabelle 4.5-1: Phasengehalte nach dem Verspritzen der Mischungen aus den Voruntersuchungen

Probe	Hauptphasen	Nebenphasen	Bemerkungen
56:44:0	β-Al_2TiO_5	Korund, Rutil	kein amorpher Buckel; in der Mischung ist das molare Verhältnis Al_2O_3:TiO_2 gleich 1
54:43:3	β-Al_2TiO_5	Korund, Rutil	geringer amorpher Buckel; in der Mischung ist das molare Verhältnis Al_2O_3:TiO_2 gleich 1, ZrO_2 gleich 2 mol%
49:38:13	β-Al_2TiO_5	Korund, Rutil	geringer amorpher Buckel; in der Mischung ist das molare Verhältnis Al_2O_3:TiO_2 gleich 1, ZrO_2 gleich 10 mol%
42:33:25	-	Korund, Rutil	starker amorpher Buckel; in der Mischung ist das molare Verhältnis Al_2O_3:TiO_2 gleich 1, ZrO_2 gleich 20 mol%
23:58:19	-	Korund, Rutil	starker amorpher Buckel; in der Mischung ist das molare Verhältnis Al_2O_3:TiO_2:ZrO_2 gleich 1:2:1
39:61:0	β-Al_2TiO_5	Korund, Rutil	geringer amorpher Buckel; in der Mischung ist das molare Verhältnis Al_2O_3:TiO_2 gleich 1:2
0:39:61	$ZrTiO_4$	m-ZrO_2	geringer amorpher Buckel; in der Mischung ist das molare Verhältnis TiO_2:ZrO_2 gleich 1; Reflexe stark verbreitert
45:0:55	-	m-ZrO_2, t-ZrO_2	starker amorpher Buckel; in der Mischung ist das molare Verhältnis Al_2O_3:ZrO_2 gleich 1; Reflexe stark verbreitert
100:0:0	γ-Al_2O_3	Korund	Reflexe teilweise stark verbreitert
96:1,6:2,4	γ-Al_2O_3	Korund	geringer amorpher Buckel; in der Mischung ist das molare Verhältnis TiO_2:ZrO_2 gleich 1;
90:4:6	γ-Al_2O_3	Korund, $Zr_5Ti_7O_{24}$	starker amorpher Buckel; in der Mischung ist das molare Verhältnis TiO_2:ZrO_2 gleich 1;

amorphen Anteils und die Phasensynthese, wurden als zwei mögliche Richtungen für weitere, detailliertere Untersuchungen ausgewählt. Ausgehend von dem in der Literatur (vgl. Kapitel „3.1.5 Entstehung eines amorphen Anteils") beschriebenen amorphen Anteil bei binären Systemen wurde als Hauptrichtung der weitergehenden Untersuchungen die Aufklärung der Ausbildung des amorphen Anteils im ternären System in der Al_2O_3-reichen Ecke gewählt, denn die Bildung von β-Al_2TiO_5 wurde bereits ausreichend in der Literatur mit der Erkenntnis diskutiert, dass sich diese Phase nur in Mischungen nahe der stöchiometrischen Zusammensetzung ausbildet. Im System Al_2O_3-ZrO_2 gibt es keine Verbindungen. Es tritt nur eine relativ geringe Löslichkeit der Komponenten untereinander auf. Deshalb wurde die Phasensynthese für dieses ternäre System nicht weiter untersucht. Weitere Überlegungen, die zu einer Eingrenzung des zu untersuchenden Teilgebietes des ternären Systems Al_2O_3-TiO_2-ZrO_2 auf Al_2O_3-reiche Mischungen führten, sind:

- Der amorphe Anteil ist für reines Al_2O_3 gering und steigt stark mit zunehmender Zahl und Menge der Komponenten an. Daraus folgen die Fragestellungen:

Tabelle 4.5-2: Phasengehalte nach 20h bei 1100°C

Probe	Hauptphasen	Nebenphasen
56:44:0	Korund Rutil	-
54:43:3	Korund Rutil	$ZrTiO_4$
49:38:13	Korund Rutil $ZrTiO_4$	-
42:33:25	Korund Rutil $ZrTiO_4$	-

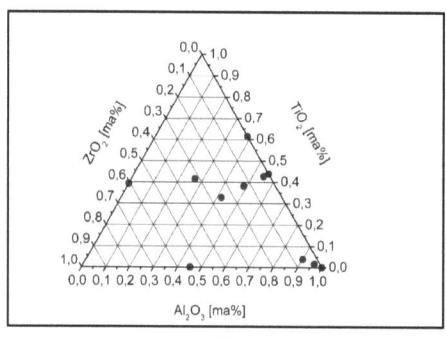 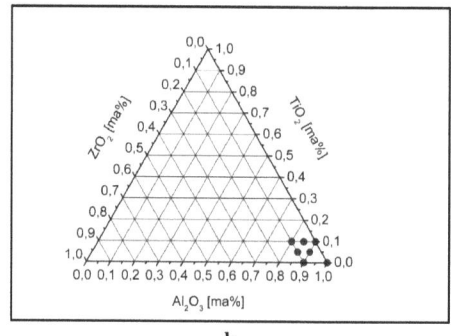

a b

Abbildung 4.5-2: Untersuchte Mischungen der Vorversuche (a) und festgelegte Mischungen für die Hauptversuche (b)

Herangehensweise und Vorversuche

- Wie ist der amorphe Anteil im lamellaren Gefüge angeordnet? Um diese Frage zu klären, muss neben dem amorphen Anteil auch ein gut kristalliner Anteil vorliegen.
- Wie wirkt sich die Verteilung des amorphen Anteils auf die mechanischen Eigenschaften aus? Diese können dann mit denen von Standardzusammensetzungen verglichen werden.
- Der Schmelzpunkt von Al_2O_3 liegt in einem Bereich, der sich im Gegensatz zu dem des ZrO_2 gut auf die Verarbeitbarkeit mit dem hier gewählten Verfahren des Stabflammspritzens auswirkt.
- Für eine eventuelle industrielle Anwendung spielt der Preis der Rohstoffe eine gewisse Rolle.
- Al_2O_3-reiche binäre Mischungen mit TiO_2 sind bereits als Materialien für das thermische Spritzen etabliert.
- Beeinflussen TiO_2- und/oder ZrO_2-Zusätze die Bildung metastabiler Phasen des Al_2O_3? Und wenn ja: Wie genau sieht dieser Einfluss aus?

Bei der Festlegung der Menge der Zusätze ist auch die Nachweismöglichkeit von Phasen über die Röntgenbeugung zu beachten. In den Voruntersuchungen von Mischungen mit einem Al_2O_3-Gehalt größer 95 ma.% sind die Nebenphasen nicht mehr deutlich nachweisbar und damit sind eventuelle Effekte aus Phasenbildung und -umwandlung sowohl beim Spritzprozess als auch bei einer Temperaturbehandlung nicht mehr zugänglich. Deshalb wurde als Mindestmenge an Zusätzen 10 ma.% festgelegt.

Für die systematische Untersuchung eines bestimmten Feldes im ternären System unter Beachtung der zuvor verdeutlichten, die Problematik eingrenzenden Überlegungen wurden folgende sieben Mischungen ausgewählt: 100:0:0, 90:0:10, 90:10:0, 90:5:5 85:5:10, 85:10:5 und 80:10:10. Die binären Mischungen und das reine Al_2O_3 dienen als Vergleich und der eventuellen Trennung der Effekte des TiO_2 und ZrO_2. Bei diesen sieben Mischungen ging es vor allem um die exakte quantitative Bestimmung der Phasenanteile. Deshalb erfolgten alle im Hauptteil durchgeführten Röntgenbeugungsmessungen unter Verwendung eines internen Standards. Die verschiedenen Mischungen der Vor- und Hauptversuche sind in Abbildung 4.5-2 dargestellt.

4.6 Voruntersuchungen zur Mikrostruktur

Für die Beurteilung der Mikrostruktur wurden die Proben im Rasterelektronenmikroskop betrachtet. Dafür wurden Ober- und Bruchflächen der gespritzten Schichten ausgewählt. Ausgehend von den Ergebnissen aus dem Kapitel „4.5 Phasengehalte an Modellmischungen" ist es wahrscheinlich, dass es zu einer Lösung der Komponenten in der Al_2O_3-Matrix oder im amorphen Anteil kommt. Daraus ergibt sich die Frage, ob und wenn ja, wann ein Übergang von Lösung zu Ausscheidung bei Überschreitung einer gewissen Konzentration der Zusätze stattfindet. Mit der Betrachtung der Oberflächen (z.B. Abbildung 4.6-1) im

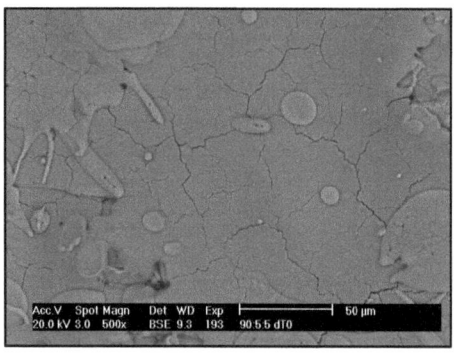

Abbildung 4.6-1: Rissmuster auf der Oberfläche der Probe 90:5:5 verspritzt

Elektronenmikroskop kann bei fehlendem Elementkontrast im Rückstreuelektronenmodus zumindest eine Obergrenze für die Größe eventueller TiO_2- oder ZrO_2-Phasen neben dem kubischen γ-Al_2O_3 oder der amorphen Phase abgeschätzt werden. Da bei keiner der untersuchten verspritzten Mischungen ein Ordnungszahlkontrast zu beobachten war, ist eine Größe von Teilchen, die einen Kontrast verursachen könnten, weit unter der Auflösungsgrenze des Abbildungsmodus Rückstreuelektronen anzunehmen. Ein weiteres Beispiel dafür ist in Abbildung 4.6-13 zu sehen. Dabei liegt die Auflösungsgrenze in einer Größenordnung von kleiner 100 nm, die Größe eventueller Teilchen mit Ordnungszahlkontrast somit weit darunter. In allen Abbildungen der Oberflächen sind das Rissmuster und die abgeflachten Tropfen deutlich zu erkennen. Es zeigen sich deutliche Unterschiede in den beobachteten Rissmustern. In der Probe 90:5:5 verspritzt (Abbildung 4.6-2) sind gezackte und sich stark verzweigende Risse zu erkennen, gibt es weit geöffnete Hauptrisse und wesentlich schmalere Nebenrisse, die teilweise innerhalb der abgeflachten Tropfen enden. Im Gegensatz dazu sind die Risse in der Probe 23:58:19 verspritzt (Abbildung 4.6-3) glatt und zeigen einen für glasartige Systeme typischen, leicht gekrümmten Verlauf. Der gezackte Verlauf ergibt sich durch die im Grundlagenteil im Kapitel „3.2.1 Mikrostruktur im verspritzten Zustand" dargestellten Effekte: Die säulenartig angeordneten Kristalle innerhalb einer Lamelle bestimmen den energetisch günstigsten Weg für die, während des Beschichtungs- und Abschreckvorgangs entstehenden Risse. Wenn diese fehlen, wie in den amorphen Bereichen, dann bilden sich wesentlich weniger verzweigte Risse. An den Bruchflächen (Abbildung 4.6-4 und Abbildung 4.6-5) ist der lamellare Aufbau und ein teilweises säulenartiges Wachstum innerhalb der Lamellen deutlich erkennbar. Dabei sind die Säulen in der Mischung 90:5:5 weniger ausgeprägt als im reinen Al_2O_3. Dies gibt einen Hinweis auf den steigenden amorphen Anteil. Da die mechanischen Eigenschaften im verspritzten Zustand in erster Linie vom Zusammenhalt innerhalb der Lamellen abhängen, sollte sich eine Beeinflussung dieser in deutlich veränderten mechanischen Eigenschaften widerspiegeln. Wie die Abbildung 4.6-6, Abbildung 4.6-7 und Abbildung 4.6-8 verdeutli-

Herangehensweise und Vorversuche

chen, kommt es bei Temperaturbehandlung zu Ausscheidungserscheinungen und an den Rissgrenzen zu einem Zusammenwachsen der Lamellen und/oder der durch Risse geprägten abgeflachten Tropfen (Abbildung 4.6-8 und Abbildung 4.6-9). Dabei wachsen Korundkristallite über ehemalige Lamellengrenzen und lassen eine umwandlungsbedingte Porosität erkennen. Ebenso ist anzunehmen, dass der amorphe Anteil auskristallisiert. Die nach dem Verspritzen sehr homogen verteilten Zusätze von TiO_2 und ZrO_2 sammeln sich bei einer Temperaturbehandlung zuerst an den Korngrenzen von kleineren Korundkörnern, bei längerer Zeitdauer und/oder höheren Temperaturen werden sie zu Inseln, die mehrere zehn Mikrometer auseinanderliegen können. Dabei ist ein Zusammenfinden einer ZrO_2-reichen Phase mit einer diese umgebenden TiO_2-reichen Phase zu beobachten, wobei es sich bei letzterer vermutlich um Aluminiumtitanat handelt. Diese Annahme wird durch den Habitus

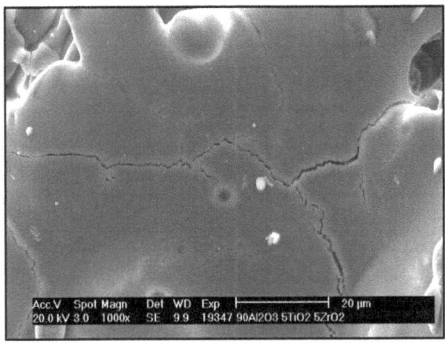

Abbildung 4.6-2: Gezackte Rissflanken in 90:4:6 verspritzt (Probenbezeichnung im Bild in mol%)

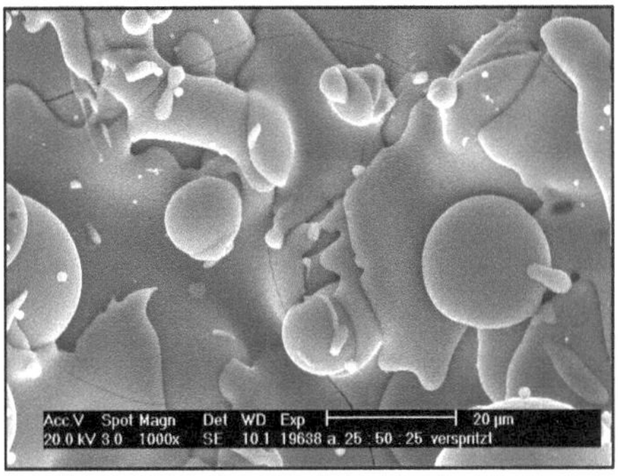

Abbildung 4.6-3: Glatte Rissflanken in 23:58:19 verspritzt (Probenbezeichnung im Bild in mol%)

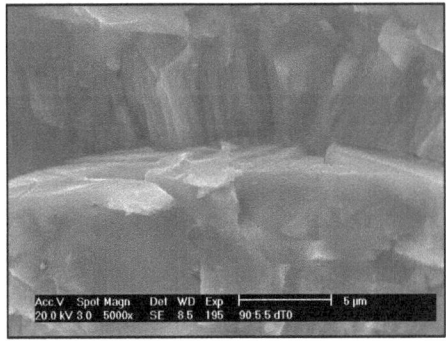

Abbildung 4.6-4: Säulenartige Struktur der Lamellen in 100:0:0 verspritzt

Abbildung 4.6-5: Säulenartige Struktur der Lamellen in 90:5:5 verspritzt

der Kristallite (Abbildung 4.6-6) und die erwarteten Anteile (Abbildung 4.6-7) der gefundenen Phase unterstützt. Wenn die TiO$_2$-reiche Phase hauptsächlich aus TiO$_2$ bestünde, müsste ihr Volumenanteil zumindest in der gleichen Größenordnung wie der der ZrO$_2$-reichen Phase liegen und damit wesentlich geringer als der beobachtete sein. Zur genauen Aufklärung und Ausschließung möglicher Oberflächeneffekte sollte diese Überlegung an Anschliffen überprüft werden. In Abbildung 4.6-10 und Abbildung 4.6-11 ist die Kornstruktur der Korundmatrix deutlich zu erkennen, wobei drei verschiedene Arten von Ausscheidungen auftreten. An den Korngrenzen ist eckiges mutmaßliches ZrTiO$_4$ zu finden. An den Kornrändern sind ausscheidungsfreie Bereiche zu erkennen und die hier ursprünglich vorhandenen Gehalte an TiO$_2$ und ZrO$_2$ befinden sich nun in den größeren

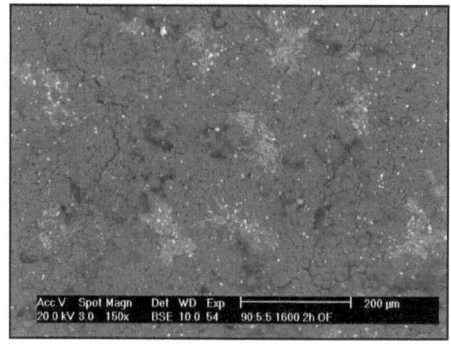

Abbildung 4.6-6: TiO2- und ZrO2-reiche Ausscheidungen in 90:4:6 nach Temperaturbehandlung 1600°C 2 h (Bezeichnung im Bild in mol%)

Abbildung 4.6-7: Überblick Ausscheidungen in 90:4:6 nach Temperaturbehandlung 1600°C 2 h (Probenbezeichnung im Bild in mol%)

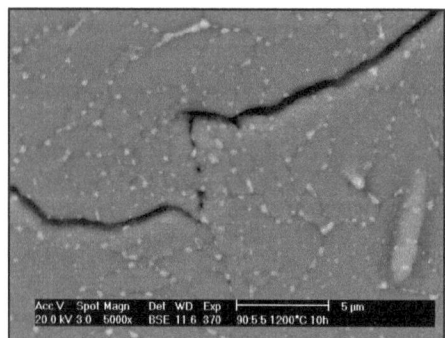

Abbildung 4.6-8: Ausscheidung von ZrTiO$_4$ in 90:4:6 nach Temperaturbehandlung bei 1200° 10 h (Oberfläche, Probenbezeichnung im Bild in mol%)

Abbildung 4.6-9: Wachstum von Korundkristallen in 100:0:0 über ehemalige Lamellengrenzen nach Temperaturbehandlung bei 1200° 10 h (Anschliff)

Ausscheidungen. In der Mitte der Körner sind ebenfalls größere, aber diesmal kugelige oder ellipsoide neben sehr feinkörnigen Ausscheidungen vorhanden. Deren Form wird durch die Grenzflächenenergien der jeweiligen Phase bestimmt. Eine weitere Erkenntnis aus den Voruntersuchungen bezüglich der bildhaften Darstellung ist, dass Risse und Poren in der Abbildung von Rückstreuelektronen wesentlich besser erkennbar sind als in der Abbildung von Sekundärelektronen (vgl. Abbildung 4.6-12 und Abbildung 4.6-13, identischer Probenausschnitt). Ebenso spielen Auflagdungseffekte an Kanten eine geringere Rolle. Zur besseren Darstellung der lamellaren Struktur und deren Veränderung wurde für alle im Hauptteil folgenden Untersuchungen zur Betrachtung von Anschliffen übergegangen. Zu

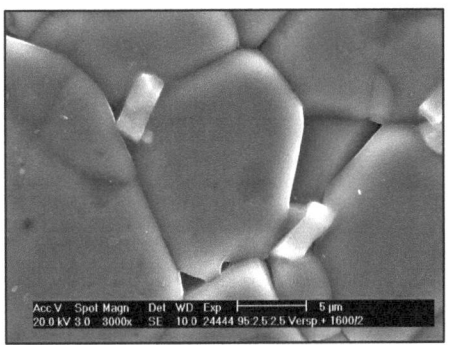

Abbildung 4.6-10: Ausscheidungen von vermutlich ZrTiO$_4$ an Korngrenzen; Anschliff von 96:1,6:2,4 nach Temperaturbehandlung 2 h bei 1600°C mit anschließendem thermischen Ätzen (Probenbezeichnung im Bild in mol%)

Abbildung 4.6-11: Ausscheidungen von vermutlich ZrTiO$_4$ an Korngrenzen und innerhalb von Körnern; Anschliff von 96:1,6:2,4 nach Temperaturbehandlung 2 h bei 1600°C (Probenbezeichnung im Bild in mol%)

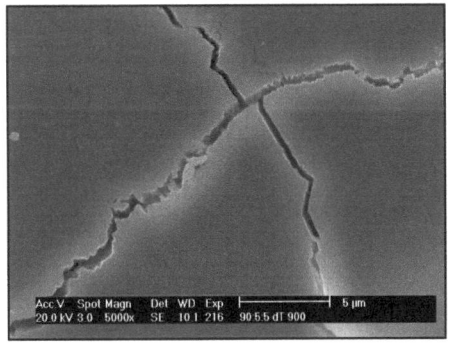

Abbildung 4.6-12: Rissmuster in 90:5:5 verspritzt im Sekundärelektronenbild

Abbildung 4.6-13: Rissmuster in 90:5:5 verspritzt im Rückstreuelektronenbild

klärende Fragen dabei sind:
- Wie ist der amorphe Anteil verteilt?
- In welcher Wechselwirkung stehen die Risse mit dem amorphen Anteil?
- Was passiert mit den Rissen, den Lamellen und dem amorphem Anteil bei Temperaturbehandlung?
- Wie und wo treten eventuelle Ausscheidungen auf?
- Wie beeinflusst die Umwandlung von γ- zu α-Al_2O_3 in Gegenwart von TiO_2 und ZrO_2 die Mikrostruktur?
- Ist der amorphe Anteil mit der Bruchdehnung verknüpft?
- Wie ändern sich die mechanischen Eigenschaften durch eine Temperaturbehandlung und ist diese durch Veränderungen der Mikrostruktur erklärbar?

4.7 Voruntersuchungen zur Gewinnung mechanischer Kennwerte

Die Ermittlung mechanischer Kennwerte ist je nach Wahl der Art der Probengewinnung ein sehr aufwendiges Verfahren. Bei einer mechanischen Bearbeitung kommt es zu einer nicht bestimmbaren Beeinflussung des vorhandenen Rissnetzwerkes. Darüber hinaus gibt es teilweise große Unterschiede zwischen den Dimensionen der Proben und den Dimensionen der Schicht im Anwendungsfall. In dieser Arbeit wurden verschiedene Ansätze mit dem Ziel ausprobiert, freistehende Schichten ohne mechanische Bearbeitung zu gewinnen. Dabei sollte die Streuung der Werte so gering gehalten werden, dass signifikante Unterschiede zwischen den verschiedenen Zusammensetzungen gefunden werden können und die absoluten Werte mit den Werten anderer Arbeiten vergleichbar sind. Eine Zusammenstellung bisher veröffentlichter Werte erfolgte in Tabelle 7-1. Die in diesen Voruntersuchungen getesteten Materialien wurden dabei auf die Zusammensetzungen 100:0:0, 96:1,6:2,4 und 90:4:6 beschränkt. Dabei wurden die 3-Punkt-Biegeversuche in Anlehnung an DIN EN 843-1 durchgeführt, wobei der Auflagerabstand jedoch auf 20 mm verkürzt wurde, um eine höhere Ausbeute an Proben zu erzielen. Die Oberseite der Schicht wurde dabei auf Zug belastet.

Zuerst wurde erwogen, Schichtstreifen auf Alufolie aufzubringen. Dazu wurden die Substrate zuerst mit Aluminiumfolie und danach mit einer Schablone abgedeckt, so dass Streifen von ca. 1 cm Breite und variabler Länge entstanden. Dabei wurden verschiedene Dicken der Schicht hergestellt. Die so erhaltenen Festigkeiten sind in Abbildung 4.7-1 dargestellt. Dabei kommt es jedoch zu eine sehr starken Streuung, so dass ein sinnvoller Vergleich der Festigkeiten der verschiedenen Zusammensetzungen untereinander unmöglich ist. Dennoch ist ein Einfluss der Dicke auf die Streuung erkennbar. Die extreme Streuung ist sehr wahrscheinlich darauf zurückzuführen, dass die Alufolie durch die Schrumpfung der auftreffenden Partikel mit zusammengezogen wird und sich eine stark gewellte Oberfläche ausbildet. Bei dickeren Proben verlieren die Fehler an dieser

Herangehensweise und Vorversuche

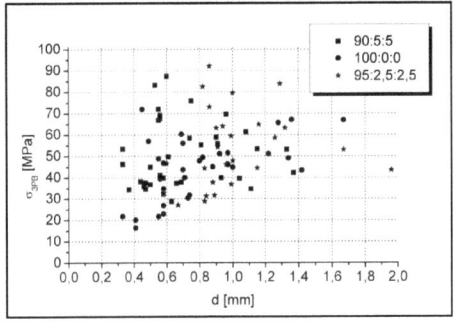 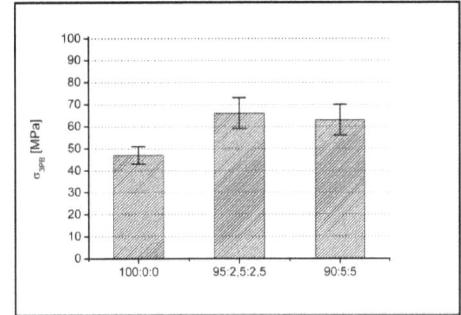

Abbildung 4.7-1: Streuung der Festigkeitswerte in Abhängigkeit der Probendicke bei Schichten auf Aluminiumfolie

Abbildung 4.7-2: Festigkeitswerte von Schichten, die von rußbeschichteten Substraten abgelöst wurden

Oberfläche an Einfluss, da sie im Verhältnis zur Gesamtdicke kleiner werden und die Werte damit geringere Streuungen zeigen. Die Vorgehensweise Beschichtung einer Aluminiumfolie wurde daraufhin verworfen. Die nächste Möglichkeit bestand in einer Berußung des Substrates vor dem Beschichtungsprozess. Als Substrat kamen Stahlbleche zum Einsatz. In diesen und allen folgenden Versuchen wurde die Dicke der Schichten auf 0,5 mm eingestellt. Dazu wurde eine stets gleiche, zuvor experimentell bestimmte Menge an Material (Stablänge) auf eine gleichbleibende Fläche verspritzt. Diese Vorgehensweise führt zu einer deutlichen Verringerung der Streuung auf etwa ± 10 %. Da sich die hier beobachtete Streuung und die absoluten Werte weitestgehend mit den aus der Literatur bekannten Werten decken, wurde diese Methode für die Hauptversuche übernommen. Später wurde festgestellt, dass die verwendeten Substrate nach einigen Beschichtungs- und Ablösevorgängen eine für diese Art der Probengewinnung optimale Rauigkeit annehmen und ein Ablösen der Schichten auch ohne vorherige Berußung und weitestgehend ohne äußere Krafteinwirkung möglich ist. Das Substrat nimmt eine Rauigkeit von Ra = 2 µm und Rz = 15 µm an, wobei die Rauigkeit für eine gute Haftung bei Anwendung mindestens eine Größenordnung höher liegen sollte [199]. Die Haftung ist hier jedoch groß genug, um nahezu beliebige Probendicken herzustellen. Damit ist eine Methode gefunden, die eine einfache Probengewinnung mit einer minimalen Nachbearbeitung gewährleistet, ohne dass die Mikrorissstruktur beeinflusst wird. Die Dimension der Proben entspricht der der Schicht in der Anwendung. Der teilweise sehr hohe Aufwand zur Probenpräparation wird somit umgangen.

4.8 Motivation und Programm für den Hauptteil

Es stehen also wirksame Methoden zur Verfügung, um aussagekräftige Ergebnisse sowohl zur Zusammensetzung, Mikrostruktur, Temperaturbehandlung und zu den mechanischen Eigenschaften als auch zu deren Verknüpfungen zu erhalten. Aus den in den

Voruntersuchungen gewonnenen Erkenntnissen ergibt sich damit das Arbeitsprogramm für den Hauptteil dieser Arbeit an den bereits in Kapitel „4.5 Phasengehalte an Modellmischungen" festgelegten Zusammensetzungen:

- Quantifizierung des amorphen Anteils und der Phasen vor und nach Temperaturbehandlung über Röntgenbeugung mittels Rietveldanalyse
- Lokalisierung/Quantifizierung des amorphen Anteils über Elektronenbeugung
- Beschreibung der Mikrostruktur (Lamellen, Risse, Ausscheidungen) mittels Rasterelektronenmikroskopie
- Aufklärung der Phasenumwandlungstemperaturen über Thermoanalyse
- Bestimmung der Festigkeiten an freistehenden Schichten in Abhängigkeit von Temperatur und Dauer einer Nachbehandlung der Schichten
- Thermoschockversuche
- Verknüpfung der Ergebnisse der einzelnen Analysemethoden

Dabei wurden die Temperaturen und Zeiten in Anlehnung an einen einfachen statistischen Versuchsplan festgelegt und die Kombinationen aus den Zeiten 10 und 100 h und den Temperaturen 1200 und 1600°C plus dem Mittelpunkt der Versuchsfläche, 55 h bei 1400°C, ausgewählt. Damit soll der Einfluss von Temperatur und Zeit auf die jeweilige Eigenschaft statistisch fundiert dargestellt werden.

5 Ergebnisteil

5.1 Ergebnisse der Phasenanalyse

Die Phasenausbildung in flammgespritzten Schichten wird durch die Prozessbedingungen bestimmt. Aus den schmelzflüssigen Partikeln bilden sich Nichtgleichgewichtsphasen und eventuell sehr kleine Kristallite oder amorphe Phasen. In der Diskussion der Ergebnisse soll das Kapitel der Phasenbestände zuerst dargelegt werden und die hier gewonnenen Erkenntnisse werden dann in den folgenden Kapiteln mit den mikrostrukturellen (vgl. Kapitel „5.3 Ergebnisse Mikrostruktur") und den mechanischen Eigenschaften (vgl. Kapitel „5.4 Ergebnisse mechanische Eigenschaften" verknüpft. Es werden zwei verschiedene Methoden zur Phasenanalyse verwendet: die Röntgenbeugung und die Elektronenbeugung. Die Vorteile der Röntgenbeugung bestehen in einer hohen Genauigkeit bezüglich der kristallinen Anteile und ihrer Gitterparameter, die der Elektronenbeugung in einer Ortsauflösung der Information zu den einzelnen Phasen. Für die quantitative Auswertung der Röntgenbeugungsdiagramme wird nur die Rietveldanalyse verwendet, da die Voraussetzungen für eine korrekte Anwendung der RIR-Methode, wie gute Kristallinität und eine vergleichbare Kristallitgröße, für die hier auftretenden Phasen nicht gegeben sind und dadurch bei Auswerteversuchen zu sehr heterogenen Ergebnissen geführt haben.

5.1.1 Phasenanalyse mittels Röntgenbeugung

Die Röntgenbeugung stellt eine integrale Analysemethode dar. Dabei gibt es für die Auswertung zwei grundlegende Fragestellungen. Die erste Frage ist die nach der Art der enthaltenen Phasen. Die zweite Frage ist die nach der Quantifizierung dieser und des eventuellen amorphen Anteiles. Aus der Rietveldanalyse können auch für die qualitative Auswertung weitere Hinweise gewonnen werden. Wenn z.B. eine aufgrund gut übereinstimmender Reflexlagen akzeptierte Phase nicht mit der Rietveldmethode angepasst werden konnte, dann wurde diese wieder verworfen. Alle Analysen wurden mit dem Programm X´Pert Highscore Plus durchgeführt. Darüber hinaus wurden die Messwerte von Proben im verspritzten Zustand zusätzlich mit einem weiteren Programm, mit AutoQuan, ausgewertet. An allen 49 aufgenommenen Spektren wurde eine Clusteranalyse durchgeführt (Abbildung 5.1-1). Die Gruppierung verschiedener Messungen erfolgt hierbei nach der Stärke des Unterschiedes der Diffraktogramme. Je eher eine Verzweigung im Dendrogramm auftritt, desto größer sind die Unterschiede. Am stärksten kommen die Unterschiede zwischen dem verspritzten und dem gesinterten Zustand zum Tragen. Dem untergeordnet sind Unterschiede aufgrund der Zusammensetzung. Im verspritzten Zustand werden die TiO_2-haltigen Mischungen von den Übrigen abgegrenzt. Im gesinterten Zustand wird deutlich die Mischung 90:0:10 von allen Anderen unterschieden. Der Ausgangszustand der Stäbe wird in den ternären Zusammensetzungen und in der Mischung 90:10:0 meist mit den Zuständen nach einer Temperaturbehandlung von 1200°C gruppiert, bei den Mischungen 100:0:0 und 90:0:10 jedoch mit den Zuständen nach einer Temperaturbehandlung von 1600°C. Hierin spiegelt sich die Kinetik, die offensichtlich stark vom TiO_2-Gehalt beeinflusst wird, wieder.

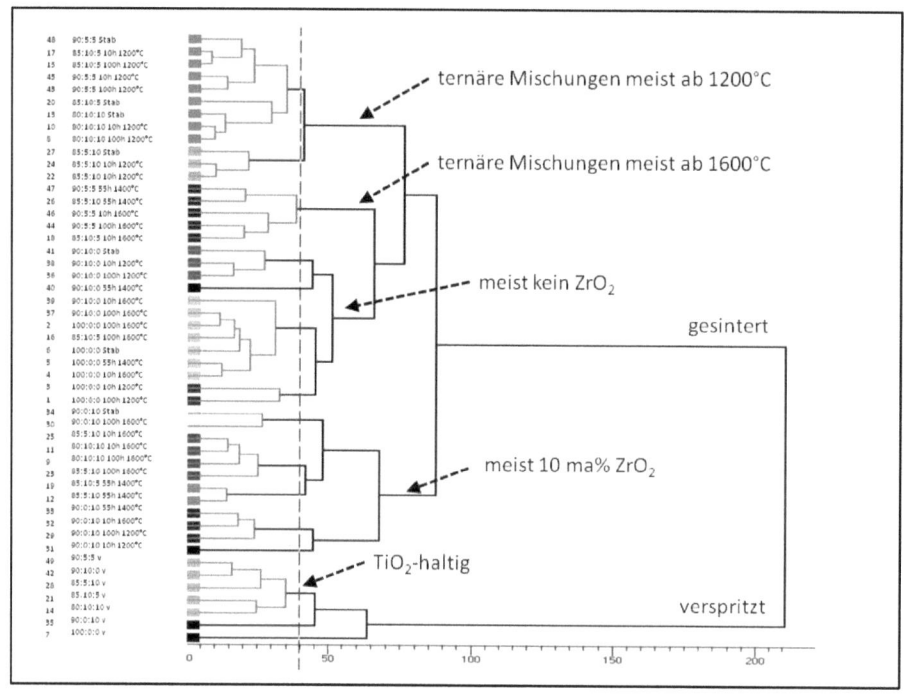

Abbildung 5.1-1: Clusteranalyse aller Phasenzustände

5.1.1.1 Phasen im Ausgangszustand der Stäbe

Nach der Stabherstellung sind die in Tabelle 5.1-1 aufgelisteten Phasen enthalten. Dabei wurden die nicht-ternären Zusammensetzungen als Modellmischungen verwendet, indem anhand dieser Mischungen die Phasen für die Rietveldanalyse so ausgewählt wurden, dass eine gute Übereinstimmung mit den gegebenen Gehalten an ZnO-Standard und Korund gefunden werden konnte. Es zeigt sich, dass bei den ternären Mischungen trotz sehr guter R-Werte dennoch eine Unterbewertung des Korundanteils auftritt. Bei sehr geringen absoluten Phasengehalten steigt der Phasen R-Wert an. Die hier aufgelisteten Nebenphasen können jedoch als eindeutig nachgewiesen angenommen werden, da unter Einbeziehung dieser Phasen eine wesentlich bessere Gesamtprofilanpassung möglich ist als ohne diese. Aufschlussreich ist, dass bei der Mischung 90:0:10 tetragonales ZrO_2 auftritt, obwohl ausschließlich monoklines ZrO_2 als Rohstoff eingesetzt wurde. Denkbar ist eine Stabilisierung durch eventuelle Verunreinigungen der Rohstoffe (siehe Tabelle 4.4-1) oder durch das Aluminiumoxid selbst. Da die Sintertemperatur oberhalb des Zersetzungsbereiches von Aluminiumtitanat liegt, lässt sich dieses in den Mischungen nachweisen, in denen der TiO_2-Gehalt deutlich höher als der ZrO_2-Gehalt ist. Ebenso findet sich Rutil in allen TiO_2-haltigen und $ZrTiO_4$ in allen ternären Mischungen.

5.1.1.2 Phasen im verspritzten Zustand

Im verspritzten Zustand ist als Besonderheit des kubischen Al_2O_3 eine starke Verbreiterung der Reflexe erkennbar. Eine Möglichkeit, die sehr breiten Reflexe mit der Rietveldmethode anzupassen, ist die Verwendung mehrerer kubischer Phasen des Al_2O_3 mit leicht unterschiedlichen Gitterparametern. Eine Überlagerung mehrerer schmaler Einzelreflexe sollte zur Beschreibung geeignet sein. Dabei ist der dahinter liegende Grundgedanke, dass durch den Gradienten der Abkühlbedingungen innerhalb einer Lamelle eine gewisse Verteilung von Gitterparametern vorliegt nicht von vornherein auszuschließen. In Referenz [57] beschreiben die Autoren diese Möglichkeit am Beispiel des kubischen ZrO_2. So können sehr breite Reflexe mit mehreren Varianten der gleichen Phase, die

Tabelle 5.1-1: Phasengehalte und R-Werte aus Rietveldanalyse der Stäbe

Probe	Phasen	Phasenanteil [ma.%]	R-Wert Phase [%]	R-Wert Profil [%]
100:00:00	ZnO	20,0	7,85	10,42
	α-Al_2O_3	80,0	6,60	
90:00:10	ZnO	20,0	11,97	12,03
	α-Al_2O_3	70,9	9,18	
	t-ZrO_2	1,0	21,94	
	m-ZrO_2	8,1	42,00	
90:10:00	ZnO	20,0	7,65	12,27
	α-Al_2O_3	70,1	7,71	
	t-TiO_2 (Rutil)	6,1	13,74	
	β-Al_2TiO_5	3,8	47,00	
90:05:05	ZnO	20,0	7,38	11,44
	α-Al_2O_3	72,0	11,12	
	t-TiO_2 (Rutil)	1,2	41,00	
	$ZrTiO_4$	6,8	23,83	
85:05:10	ZnO	20,0	4,80	10,49
	α-Al_2O_3	69,7	8,27	
	m-ZrO_2	2,5	53,97	
	$ZrTiO_4$	7,8	19,66	
85:10:05	ZnO	20,0	7,79	10,70
	α-Al_2O_3	66,1	10,60	
	t-$TiO2$ (Rutil)	3,3	28,59	
	$ZrTiO_4$	5,8	21,82	
	β-Al_2TiO_5	4,8	32,41	
80:10:10	ZnO	20,0	8,47	10,35
	α-Al_2O_3	65,3	9,42	
	t-TiO_2 (Rutil)	3,0	25,10	
	$ZrTiO_4$	11,7	17,23	

sich nur minimal in ihren Gitterparametern unterscheiden, hinreichend genau beschrieben werden. Die Gitterparameter wurden für diesen Ansatz um ca. 3 % variiert. Ein Analyseansatz für die Probe 100:0:0 verspritzt ist in Abbildung 5.1-2 dargestellt. Dabei verdeutlicht der Ausschnitt aus einem Diffraktogramm die Verbreiterung des der Netzebene 004 des kubischen Al_2O_3-Gitters zugeordneten Reflexes und dessen Anpassung durch mehrere kubische Al_2O_3 mit sehr geringen Unterschieden im Gitterparameter a, wobei bei weiterer Erhöhung der Anzahl der Phasen eine noch genauere Anpassung möglich ist. Im Ergebnis dessen kommt es zu einer sehr starken Überbewertung des γ-Al_2O_3-Anteils, was gleichbedeutend mit einer Unterbewertung des ZnO-Anteils ist. An dieser Fehlbewertung ändern weder der Einbezug der Brindley-Mikroabsorptionskorrektur noch eine Variation der Besetzungsdichten etwas. Ein weiterer Hinweis ergibt sich aus dem Grad der Reflexverbreiterung: Wenn dieser von einer Verteilung der Gitterparameter verursacht würde, dann müsste die Verbreiterung mit steigendem 2Θ stärker werden. Dies wird jedoch nicht beobachtet. Ein bezüglich der Unterbewertung des Standardgehaltes ähnliches Ergebnis wird mit der Anpassung von nur einer kubischen Phase an die breiten Reflexe erreicht. Da hier jedoch keine Abhängigkeit von 2Θ zu erkennen ist, wird nachfolgend dieser einfachere Ansatz für alle Analysen verwendet. Dabei ist in Abbildung 5.1-3 ein Beispiel einer solchen Anpassung dargestellt. Ein weiterer denkbarer Analyseansatz wäre die Betrachtung einer Phase, die den amorphen Buckel beschreibt. Ausgehend von der Annahme, dass der amorphe Anteil daraus entsteht, dass die entstandenen Kristallite so klein sind, dass sie zu einer starken Reflexverbreiterung der in diesem Fall kubischen Phase des Al_2O_3 führen, könnte eine Variation der Reflexformparameter U, V und W zu einer Beschreibung der Form der amorphen Buckel führen. Dies ist jedoch nicht möglich, da diese Anpassung

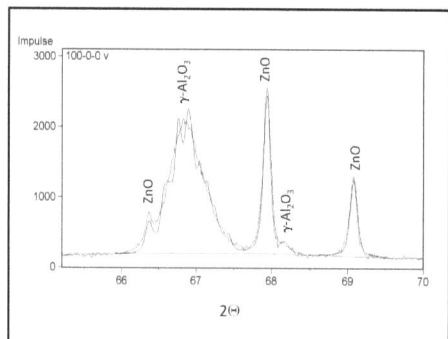
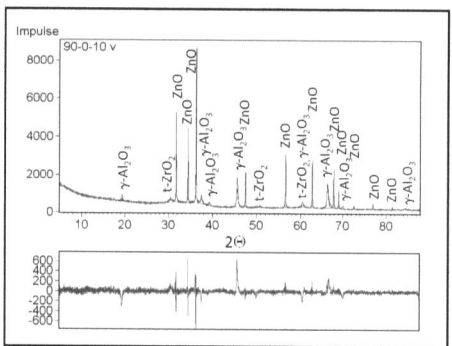

Abbildung 5.1-2: Detail aus der Rietveldanalyse unter Annahme einer Verteilung der kubischen Gitterparameter mit vierzehn Abstufungen, Profil R-Wert 13,8

Abbildung 5.1-3: Rietveldanpassung und Differenzdiagramm der Probe 90:0:10 verspritzt, Profil R-Wert 6,62

alle vorhandenen Reflexe verbreitert, aber deren Lage nicht mit der der amorphen Buckel in Übereinstimmung gebracht werden kann. Es müsste also eine Phase gefunden werden, deren Reflexlage zum amorphen Untergrund passt. Dies ist in dem hier vorliegenden ternären System nicht möglich. Die Rietveldanpassungen wurden mit besonderer Wichtung der R-Werte durchgeführt. Damit soll erreicht werden, dass der Fehler zwar nicht absolut bestimmt, aber dennoch für alle Proben gleich ist und somit die Unterschiede zwischen den einzelnen Zusammensetzungen deutlich herausgearbeitet werden können. Die Unterbewertung des ZnO-Standard-Gehaltes, welche aus einer Überbewertung des kubischen Al_2O_3 hervorgeht, wird durch Einführung eines Korrekturfaktors ausgeglichen. Es werden drei Korrekturansätze dargestellt und jeweils 0, 10 und 20 ma.% amorpher Anteil in der Probe 100:0:0 verspritzt angenommen. Dies geschieht einerseits aufgrund der Ergebnisse aus Referenz [21] (genaue Werte siehe Tabelle 3-2), wonach ein amorpher Anteil für reines plasmagespritztes Al_2O_3 in der Größenordnung von 10 – 15 ma.% gefunden wurde. Andererseits wurde mit der Elektronenbeugung (siehe Kapitel „5.1.2.1 Elektronenbeugung im verspritzten Zustand") eindeutig ein amorpher Anteil im reinen Al_2O_3 detektiert. Der Korrekturfaktor (K_i) errechnet sich aus dem Quotienten des bei einem amorphen Anteil von 0, 10 bzw. 20 ma.% erwarteten Gehaltes an ZnO-Standard ($R_{i,100:0:0}$) aus der Rietveldanalyse und dem tatsächlichem Ergebnis der Rietveldanalyse ($R_{R,100:0:0}$) der Probe 100:0:0 verspritzt.

1. $$K_i = \frac{R_{i,100:0:0}}{R_{R,100:0:0}}$$

Mit diesem Faktor werden die erhaltenen ZnO-Gehalte der übrigen Proben multipliziert. Da der ZnO-Gehalt aus der Rietveldanalyse bei fast allen betrachteten Mischungen unter den zugesetzten 20 ma.% liegt, ist eine systematische Fehlbewertung anzunehmen. Für die Ableitung einer Formel zur Berechnung des amorphen Anteils wurden die folgenden Betrachtungen aus Referenz [200] übernommen. Dabei setzt sich die Probe aus der zugegebenen Menge an Standard (R), dem kristallinen (K_M) und dem amorphem Anteil (A_M) zusammen. Der Index M steht dabei für Mischung.

2. $$100\% = R + K_M + A_M$$

Die Ergebnisse aus der Rietveldanlayse beziehen sich nur auf den kristallinen Anteil, der sich wiederum aus dem Anteil des Standards (R_R) und dem kristallinen Anteil der Probe (K_R) zusammensetzt. Der Index R steht hier für Rietveldanalyse. Der amorphe Anteil wird nicht mit erfasst.

3. $$100\% = R_R + K_R$$

Es wird davon ausgegangen, dass das Verhältnis zwischen dem bekannten Anteil des Standards und dem kristallinen Anteil der Probe gleich dem der über die Rietveldanalyse errechneten Werte sein sollte.

4. $$\frac{R}{K_M} = \frac{R_R}{K_R}$$

Der absolute amorphe Anteil (A) der Probe ohne Standard ergibt sich unter Berücksichtigung eines Verdünnungsfaktors zu

5. $$A = \frac{100\%}{100\% - R} \cdot A_M$$

Wenn Gleichung 5 mit Gleichung 2 kombiniert wird, ergibt sich demnach für den absoluten amorphen Anteil:

6. $$A = \frac{100\%}{100\% - R} \cdot (100\% - K_M - R)$$

Gleichung 6 wiederum mit Gleichung 4 kombiniert führt zu

7. $$A = \frac{100\%}{100\% - R} \cdot \left[100\% - \frac{R}{R_R} \cdot (100\% - R_R) - R\right]$$

Nach Vereinfachung folgt für den amorphen Anteil eine Gleichung, in der dieser nur noch vom Verhältnis der Menge des zugegebenen zur Menge des errechneten Anteils an Standard abhängt.

8. $$A = \frac{100\%}{100\% - R} \cdot 100\% \cdot \left(1 - \frac{R}{R_R}\right)$$

Für die Bestimmung der amorphen Anteile wurden die jeweils errechneten Anteile des Standards mit dem jeweiligen Korrekturfaktor K_i multipliziert.

9. $$A = \frac{100\%}{100\% - R} \cdot 100\% \cdot \left(1 - \frac{R}{K_i \cdot R_R}\right)$$

Die Korrekturfaktoren sind in Tabelle 5.1-2 aufgelistet, die sich daraus ergebenden amorphen Anteile und die Ergebnisse der Rietveldanalyse für die kristallinen Anteile in Tabelle **5.1-3**. Während γ-Al$_2$O$_3$ als Hauptphase in allen verspritzten Proben enthalten ist, lässt sich Korund nur in 100:0:0 nachweisen, was auf eine unvollständige Aufschmelzung zurückzuführen ist. Bei allen anderen Mischungen, die einen niedrigeren Schmelzpunkt und damit ein besseres Aufschmelzverhalten zeigen, ist dieser nicht nachweisbar. In der Probe 90:0:10 ist ein geringer Anteil an t-ZrO_2 enthalten, der jedoch weit unter dem erwarteten Gesamtgehalt an ZrO_2 liegt. Monoklines ZrO_2 kann hierbei nicht nachgewiesen werden. Bei 90:5:5, 85:5:10 und 80:10:10, den ternären Mischungen mit molar gesehen mehr ZrO_2 als TiO_2, ist mit hoher Wahrscheinlichkeit $Zr_5Ti_7O_{24}$ enthalten. Die ausgehend von der Annahme eines amorphen Anteils von 10 ma.% in der Probe 100:0:0 verspritzt errechneten amorphen Anteile sind in Abbildung 5.1-4 dargestellt. Der Einfluss von ZrO_2 auf den amorphen Anteil scheint größer zu sein, d.h. ZrO_2 sollte bei einer eventuell auftretenden Entmischung bevorzugt im amorphen Anteil enthalten sein. Dies könnte mit der Mischungslücke im festen und flüssigen Zustand der Komponenten Al_2O_3 und ZrO_2 zusammenhängen. TiO_2 kann dagegen leichter in das kubische Gitter des γ-Al_2O_3 eingebaut werden. Dabei ist für die Komponenten kubisches Al_2O_3 und kubisches χ-Al_2O_3·TiO_2 (vgl. Tabelle 3-1) ein Bereich kontinuierlicher Mischung wahrscheinlich. Für alle folgenden Analysen wurde nur die Phase γ-Al_2O_3 betrachtet. In Abbildung 5.1-6 sind die Gitterparameter des in der Rietveldanalyse angepassten kubischen Al_2O_3 in Abhängigkeit von der Ausgangszusammensetzung dargestellt. Zu beachten ist dabei, dass die hier gewählte Darstellung die Unterschiede und nicht die absoluten Werte betont. Die gefundene Abhängigkeit des Gitterparameters a von der Menge der Zusätze legt nahe, dass beide Komponenten mit in das Gitter eingebaut werden. Dieser Ansatz könnte einen Teil der Differenz zwischen den erwarteten und den errechneten Phasengehalten für TiO_2- und ZrO_2-haltige Phasen erklären. TiO_2 scheint dabei eine stärkere Tendenz als das ZrO_2 zu besitzen, sich in das kubische Al_2O_3-Gitter einzufügen. Ab einer bestimmten Menge an TiO_2 und ZrO_2 ist die Bildung von Zirkoniumtitanaten zu beobachten, wahrscheinlich in Konkurrenz zum Einbau ins γ-Al_2O_3-Gitter und in den amorphen Anteil. Dies zeigt sich in der besseren Kurvenanpassung bei der Rietveldanalyse der Zusammensetzungen 90:5:5, 85:5:10 und 80:10:10 mit Einbeziehung der Phase $Zr_5Ti_7O_{24}$ im Vergleich zur alleinigen Verwendung von ZnO und kubischem Al_2O_3. Dieses Zirkoniumtitanat weist höchstwahrscheinlich eine gewisse Bandbreite der Stöchiometrie und damit eine entsprechende Reflexaufweitung auf [68]. Ein Einfluss der Zusätze auf die Ausbildung der Phase γ-Al_2O_3 ist nicht zu erkennen, da dies in allen Fällen die Haupt-Al_2O_3-Phase ist. Die im Kapitel „3.1.3.3 Eigenschaften des Systems ZrO2" dargestellten metastabilen Phasen t´- und c´-ZrO_2 können hier nicht nachgewiesen werden. Möglicherweise treten diese bevorzugt in stabilisierten ZrO_2-Systemen auf oder sind im hier untersuchten Konzentrationsbereich aufgrund geringer Anteile einfach nicht nachweisbar. Titaniumoxidphasen mit einem Verhältnis von Sauerstoff zu Titanium kleiner zwei sind ebenfalls nicht nachweisbar, obwohl eine deutliche bläulich-graue Färbung der verspritzen TiO_2-haltigen Mischungen zu beobachten ist und auf derartige Phasen hinweist. Deren Mengenanteile liegen jedoch vermutlich ebenfalls unterhalb der Nachweisgrenze.

Um die Umwandlung von Phasen bei einer Temperaturbehandlung und eventuell den

Tabelle 5.1-2: Korrekturfaktoren

Korrekturfaktor K_i	Angenommener amorpher Anteil bei 100:0:0 verspritzt [ma.%]
1,48	0
1,61	10
1,76	20

Tabelle 5.1-3: Zusammenfassung der Phasengehalte im verspritzten Zustand und der unter Anwendung der Korrekturansätze erhaltenen amorphen Anteile; amorpher Anteil von 100:0:0 sind definierte Werte

Probe	Phasen	Phasen-anteil	R-Wert Phase	R-Wert Profil	Phasen-gehalte mit Korrektur-ansatz 1	Phasen-gehalte mit Korrektur-ansatz 2	Phasen-gehalte mit Korrektur-ansatz 3
		[ma.%]	[%]	[%]	[ma.%]	[ma.%]	[ma.%]
100:00:00	ZnO	13,5	3,55		-	-	-
	γ-Al_2O_3	85,4	13,27	9,82	98,7	88,9	79,0
	α-Al_2O_3	1,1	37,36		1,3	1,1	1,0
	amorph	-	-		0,0	10,0	20,0
90:00:10	ZnO	19,1	4,72		-	-	-
	γ-Al_2O_3	80,2	12,92	6,62	62,9	55,8	48,8
	t-ZrO_2	0,7	46,49		0,5	0,5	0,4
	amorph	-	-		36,6	43,7	50,8
90:10:00	ZnO	16,1	3,00		-	-	-
	γ-Al_2O_3	83,9	33,34	11,54	79,8	71,4	63,0
	amorph	-	-		20,2	28,6	37,0
90:05:05	ZnO	15,2	3,34		-	-	-
	γ-Al_2O_3	83,7	22,62	8,84	84,9	76,1	67,4
	$Zr_5Ti_7O_{24}$	1,1	92,00		1,1	1,0	0,9
	amorph	-	-		14,0	22,9	31,7
85:05:10	ZnO	21,1	6,28		-	-	-
	γ-Al_2O_3	77,4	19,02	6,63	53,9	47,7	41,2
	$Zr_5Ti_7O_{24}$	1,5	86,93		1,0	0,9	0,8
	amorph	-	-		45,1	51,4	57,8
85:10:05	ZnO	19,2	7,58		-	-	-
	γ-Al_2O_3	80,8	31,62	9,08	62,9	55,9	48,8
	amorph	-	-		37,1	44,1	51,2
80:10:10	ZnO	23,0	9,30		-	-	-
	γ-Al_2O_3	73,4	18,30	6,18	46,1	40,5	34,9
	$Zr_5Ti_7O_{24}$	3,6	60,51		2,3	2,0	1,7
	amorph	-	-		51,6	57,5	63,4

Anteil des amorphen Anteils weiter aufzuklären, wurde an allen verspritzten Zusammensetzungen eine Thermoanalyse durchgeführt, deren Ergebnisse im Kapitel „5.2 Ergebnisse der differentiellen Thermoanalyse des verspritzten Zustandes" ausgeführt werden.

Die Beugungsdaten wurden mit einem weiteren Programm zur Rietveldanalyse (Auto-Quan) ausgewertet. Dabei ist in dieser Datenbank kein Zirkoniumtitanat enthalten, so dass

Ergebnisteil - Phasenanalyse

dieses nicht mit in die Analyse einbezogen wird. Die Ergebnisse sind in Tabelle 5.1-4 und in Abbildung 5.1-5 dargestellt, wobei erkennbar ist, dass der errechnete amorphe Anteil wesentlich geringer als in der zuvor präsentierten Auswertung ist und es nicht zu einer solch starken Unterbewertung des ZnO-Standards kommt. Dabei ist die Anpassungsqualität der Kurven der Proben 100:0:0 und 90:10:0 im Vergleich zu den übrigen deutlich schlechter. Die Fehlerangaben sind vom Programm automatisch errechnete Werte und sie entsprechen mehr einem Mindest- anstatt einem Absolutfehler. Bis auf 90:10:0 wird aber für den amorphen Anteil eine ähnliche Tendenz gefunden wie mit dem zuvor verwendeten Programm. Dieser Wert scheint aus der allgemeinen, von den übrigen Proben angedeuteten Tendenz (Abbildung 5.1-5) des stetigen Anstieges des amorphen Anteils mit steigender Menge der Zusätze abzuweichen. Da definitiv ein amorpher Anteil in 100:0:0 verspritzt enthalten ist (vgl. Kapitel „5.1.2.1 Elektronenbeugung im versprizten Zustand"), liegen die realen Werte für diesen vermutlich bei allen Zusammensetzungen mit Ausnahme von 90:10:0 über den mit dem Programm AutoQuan errechneten Werten.

Tabelle 5.1-4: Ergebnisse der Rietveldanalyse mit AutoQuan (Fehlerbereich beschreibt Unsicherheit aus der Berechnung und ist keine absolute Fehlerangabe)

Probe	Phase	Phasenanteil [ma.%]	R-Wert Phase	R-Wert Profil
100:0:0	ZnO	-	13,35	13,75
	γ-Al_2O_3	98,9 ± 3,3	28,28	
	α-Al_2O_3	2,1 ± 0,6	12,79	
	amorph	0,0 ± 3,3	-	
90:0:10	ZnO	-	9,53	8,22
	γ-Al_2O_3	81,3 ± 2,3	17,56	
	t-ZrO_2	3,5 ± 0,3	8,45	
	amorph	15,2 ± 2,4	-	
90:10:0	ZnO	-	12,10	14,30
	γ-Al_2O_3	62,1 ± 2,6	41,90	
	amorph	37,9 ± 2,6	-	
90:5:5	ZnO	-	11,57	10,94
	γ-Al_2O_3	81,6 ± 2,9	28,46	
	amorph	18,4 ± 2,9	-	
85:5:10	ZnO	-	9,79	9,08
	γ-Al_2O_3	74,7 ± 2,6	21,99	
	amorph	25,3 ± 2,6	-	
85:10:5	ZnO	-	10,42	10,53
	γ-Al_2O_3	69,7 ± 2,6	31,36	
	amorph	30,3 ± 2,6	-	
80:10:10	ZnO	-	7,91	7,51
	γ-Al_2O_3	54,8 ± 2,0	19,25	
	amorph	45,2 ± 2,0	-	

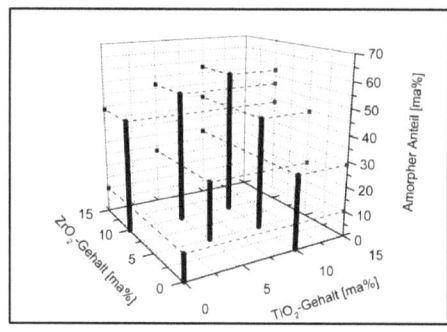 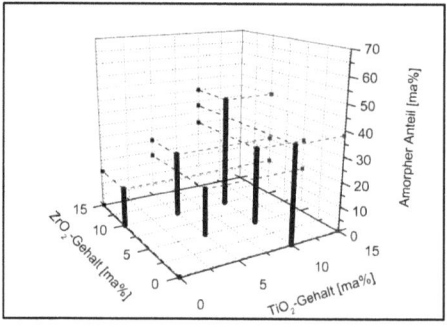

Abbildung 5.1-4: Amorpher Anteil nach Korrekturansatz 2

Abbildung 5.1-5: Amorpher Anteil errechnet mit AutoQuan

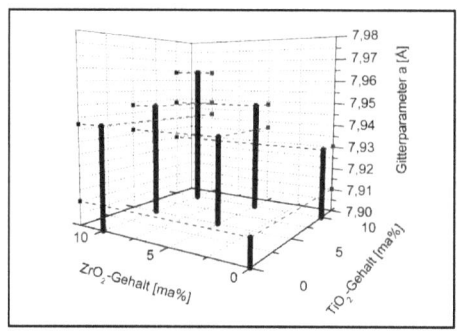

Abbildung 5.1-6: Gitterparameter a des γ-Al_2O_3

5.1.1.3 Fehlerbetrachtungen zum amorphen Anteil

Die folgenden Betrachtungen beziehen sich auf den systematischen Fehler in der Rietveldanalyse, wobei die Überbewertung der Anteile des γ-Al_2O_3 damit nicht erfasst wird. Bei der hier gewählten Vorgehensweise gibt es zwei Fehlereinflüsse, die beide aus der Genauigkeit der Rietveldanalyse resultieren. Der erste Fehlereinfluss liegt in der Unsicherheit bei der Bestimmung der Korrekturfaktoren ausgehend von den errechneten Gehalten an ZnO-Standard in der Probe 100:0:0 verspritzt. Der zweite Fehlereinfluss besteht in der Unsicherheit der Bestimmung der ZnO-Gehalte in den jeweiligen Proben. Bei beiden Einflüssen wird eine Tendenz der Verringerung des Fehlers mit steigendem amorphem Anteil deutlich, eine Über- bzw. Unterbewertung wirkt sich entgegengesetzt auf den errechneten amorphen Anteil aus. Um den Unsicherheitsbereich des amorphen Anteils bei Annahme einer bestimmten Genauigkeit der Rietveldanalyse zu berechnen, wird die Differenz der größten Über- und Unterbewertung gebildet. Die größte Überbewertung des amorphen Anteils entsteht dann, wenn der für die Probe 100:0:0 errechnete ZnO-Anteil unter- und der ZnO-Anteil der jeweiligen Probe überbewertet wird. Die größte Unterbewertung des amorphen Anteils entsteht, wenn der für die Probe 100:0:0 errechnete ZnO-Anteil über- und der ZnO-Anteil der jeweiligen Probe unterbewertet wird. Aus Gleichung 9 ergibt sich unter Einbeziehung der Korrektur:

10. $\quad A = \frac{100\%}{100\% - R} \cdot 100\% \cdot \left(1 - \frac{R \cdot R_{R,100:0:0}}{R_{i,100:0:0} \cdot R_R}\right)$

Im Korrekturfall wird $R = R_{i,100:0:0}$. Aus Gleichung 10 und der Betrachtung der maximalen Unter- bzw. Überbewertung des amorphen Anteils resultierend aus der Unsicherheit der Rietveldanalyse (u) ergibt sich im Korrekturfall für den Betrag der maximalen Unsicherheit (ΔA_{max}):

11. $\quad \Delta A_{max} = \frac{100\%}{100\% - R} \cdot 100\% \cdot \left[\left(\frac{R_{R,100:0:0} - u}{R_R + u}\right) - \left(\frac{R_{R,100:0:0} + u}{R_R - u}\right)\right]$

Der Betrag der maximalen Unsicherheit, bei Annahme einer Genauigkeit der Rietveldanalyse von 0,5 und 1 Prozentpunkten, ist in Abbildung 5.1-7 als Funktion des amorphen Anteils dargestellt. Für einen amorphen Anteil von beispielsweise 50% und einer Genauigkeit der Ergebnisse aus der Rietveldanalyse von ± 1 Prozentpunkt ergäbe sich also ein Unsicherheitsbereich für den amorphen Anteil von etwa ± 9 Prozentpunkten. Dabei ist diese Angabe mit dem absoluten Fehler in der Quantifizierung des amorphen Anteils verbunden. Bei einem Vergleich der Proben untereinander ist jedoch anzunehmen, dass der Fehler bei diesen ähnlich ist und dass die erhaltenen Unterschiede der Proben untereinander deshalb mit wesentlich größerer Sicherheit als real angesehen werden können.

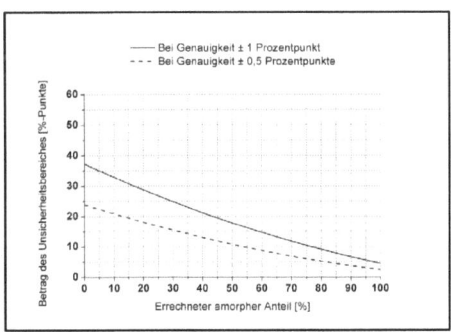

Abbildung 5.1-7: Unsicherheitsbereich des amorphen Anteils resultierend aus dem Unsicherheitsbereich der Rietveldanalyse

Ausgehend von den dargelegten Fehlerbetrachtungen können somit drei deutlich unterschiedliche Klassen in den verspritzen Systemen unterschieden werden: erstens 100:0:0 mit einem geringen, festgelegten amorphen Anteil von 10%, zweitens 90:10:0 und 90:5:5 mit einem mittleren amorphen Anteil von 20-30% und drittens 90:0:10, 85:5:10, 85:10:5 und 80:10:10 mit einem hohen amorphem Anteil von 45-65%.

5.1.1.4 Phasen nach Temperaturbehandlung

Unter Temperatureinwirkung streben die Phasen ihrem thermodynamisch stabilen Zustand bei der jeweiligen Temperatur entgegen. Die Ergebnisse der quantitativen Phasenanalyse für die drei verschiedenen Behandlungstemperaturen sind in
Tabelle 5.1-5,
Tabelle 5.1-6 und Tabelle 5.1-7 aufgelistet und die dabei beobachteten Tendenzen werden in den folgenden Kapiteln zusammengefasst.

5.1.1.4.1 Phasenbestand nach Temperaturbehandlung bei 1200°C

Der amorphe Anteil kristallisiert während dieser ersten Behandlungsstufe komplett aus. In 100:0:0 und in den binären Mischungen sind Θ-Al_2O_3 und in 90:0:10 zusätzlich δ-Al_2O_3 nachweisbar. Dabei ist in 90:0:10 ein höherer Anteil von Θ-Al_2O_3 im Vergleich zu 100:0:0 enthalten. Der Nachweis von δ-Al_2O_3 ist unsicher. Nach 100 Stunden bleibt Θ-Al_2O_3 nur in 100:0:0 nachweisbar, bei allen übrigen Zusammensetzungen ist Korund die einzige Al_2O_3-Phase. Die widersprüchlichen Angaben über das Auftreten der Zwischenphasen δ-Al_2O_3 und Θ-Al_2O_3 bei der Umwandlung in Korund aus verschiedenen Publikationen wurden schon im Kapitel „3.1.3.1 Eigenschaften des Systems Al2O3" dargestellt. Θ-Al_2O_3 kann jedoch ausgehend von den hier vorliegenden Messwerten als eindeutig nachgewiesen angesehen werden. Im Gitter von δ- und Θ-Al_2O_3 ist ein größerer Anteil von ZrO_2 lösbar als in α-Al_2O_3, ZrO_2 könnte somit einen stabilisierenden Effekt ausüben [109]. In den Zusammensetzungen 90:0:10 und 85:5:10 ist ein orthorhombisches ZrO_2 nachweisbar. Dieses ist nach 100 Stunden in 90:0:10 noch vorhanden, wogegen es in 85:5:10 nicht mehr nachweisbar ist. o-ZrO_2 als metastabile ZrO_2-Phase wurde ebenfalls in den Referenzen [40-43] dargestellt. Eine Tendenz zur Kristallisation von t-ZrO_2 als erster Phase aus einer amorphen Al_2O_3-ZrO_2-Matrix wurde in Referenz [108] erwähnt. Das $Zr_5Ti_7O_{24}$ aus dem verspritzten Zustand zersetzt sich vermutlich in $ZrTi_2O_6$ und $ZrTiO_4$. $ZrTi_2O_6$ wiederum wandelt sich langsam in $ZrTiO_4$ um. Die Zersetzung von $Zr_5Ti_7O_{24}$ während der Behandlungsstufe bei 1200°C ist bereits nach zehn Stunden beendet. Der Übergang vom $ZrTi_2O_6$ zum $ZrTiO_4$ ist dagegen auch nach 100 Stunden noch nicht abgeschlossen.

Ergebnisteil - Phasenanalyse

Tabelle 5.1-5: Ergebnisse der Rietveldanalyse für Behandlungstemperatur 1200°C und -zeiten 10 bzw. 100 Stunden

Probe	Phasen	Phasen-anteil	R-Wert Phase	R-Wert Profil	Phasen-anteil	R-Wert Phase	R-Wert Profil
		10h			100h		
		[ma.%]	[%]	[%]	[ma.%]	[%]	[%]
100:00:00	ZnO	20,0	7,14		20,0	5,60	
	α-Al_2O_3	71,8	7,72	10,22	77,0	21,66	12,07
	Θ-Al_2O_3	8,2	45,6		3,0	65,06	
90:00:10	ZnO	20,0	3,95		20,0	2,77	
	α-Al_2O_3	55,6	14,20		70,2	7,34	
	Θ-Al_2O_3	11,5	39,16		-	-	
	δ-Al_2O_3	2,6	68,87	8,98	-	-	6,81
	o-ZrO_2	8,6	15,67		6,0	5,93	
	t-ZrO_2	1,7	10,99		2,3	11,68	
	m-ZrO_2	-	-		1,5	44,72	
90:10:00	ZnO	20,0	4,10				
	α-Al_2O_3	70,8	13,24	12,26	ungeklärte Reflexe		
	Θ-Al_2O_3	2,0	71,29				
	t-TiO_2 (Rutil)	7,2	15,62				
90:05:05	ZnO	20,0	4,46		20,0	3,60	
	α-Al_2O_3	71,9	7,84		73,0	6,67	
	t-TiO_2 (Rutil)	1,1	16,91	9,92	1,2	32,03	11,08
	$ZrTiO_4$	5,2	25,04		2,9	25,20	
	$ZrTi_2O_6$	1,8	18,69		2,9	31,90	
85:05:10	ZnO	20,0	3,65		20,0	5,03	
	α-Al_2O_3	70,1	7,85		69,6	7,13	
	o-ZrO_2	1,7	24,46	8,95	-	-	9,82
	t-ZrO_2	1,6	18,03		1,9	16,22	
	$ZrTiO_4$	4,2	15,63		4,6	17,31	
	$ZrTi_2O_6$	2,4	21,64		3,9	25,44	
85:10:05	ZnO	20,0	5,54		20,0	3,98	
	α-Al_2O_3	66,6	10,80		67,6	13,54	
	t-TiO_2 (Rutil)	6,9	16,16	11,2	6,5	14,74	10,91
	$ZrTiO_4$	2,2	26,72		3,2	23,72	
	$ZrTi_2O_6$	4,3	32,84		2,7	37,46	
80:10:10	ZnO	20,0	4,48		20,0	7,45	
	α-Al_2O_3	64,1	9,80		65,0	10,94	
	t-ZrO_2	-	-	9,32	0,9	23,22	9,60
	t-TiO_2 (Rutil)	2,8	18,25		2,6	23,95	
	$ZrTiO_4$	9,4	13,94		7,9	13,96	
	$ZrTi_2O_6$	3,7	19,51		3,6	24,97	

5.1.1.4.2 Phasenbestand nach Temperaturbehandlung bei 1400°C

Nach diesem Behandlungsschritt sind keine Übergangsaluminiumoxide mehr vorhanden. Es treten jedoch Verunreinigungen mit Natrium auf, die bei TiO_2-freien Proben zur Bildung eines natriumarmen β-Al_2O_3 führen, bei den übrigen entsteht natriumhaltiges Aluminiumtitanat. In den Zusammensetzungen 90:5:5, 85:5:10 und 80:10:10 ist erneut $Zr_5Ti_7O_{24}$ nachweisbar. Aufgrund der Mengenverhältnisse der verschiedenen ZrO_2-Phasen kann eine Umwandlung in der Abfolge o-ZrO2 ⇨ t-ZrO_2 ⇨ m-ZrO_2 angenommen werden. In den ternären Zusammensetzungen ist t-ZrO_2 kaum noch nachweisbar. Eine allgemeine Tendenz zur Ausbildung eines Phasenzustandes wie im Ausgangszustand vor dem Verspritzen (Stäbe) ist zu erkennen.

5.1.1.4.3 Phasenbestand nach Temperaturbehandlung bei 1600°C

Nach diesem Behandlungsschritt ist t-ZrO_2 nur noch in 90:0:10 enthalten, die übrigen Zusammensetzungen enthalten ausschließlich m-ZrO_2 als ZrO_2-haltige Phase, wobei die einzige Ausnahme 80:10:10 bildet, hier ist noch ein Rest von $ZrTiO_4$ für die Behandlungszeit von 10 Stunden nachweisbar. Bei 90:0:10 kommt es zu einer Umkehrung der Verhältnisse der Anteile von m-ZrO_2 zu t-ZrO_2 zwischen der Behandlungsdauer 10 und 100 Stunden. Dabei sind die R-Werte der mit der Rietveldmethode angepassten Profile für diese Behandlungstemperatur generell höher als für die Vorangegangenen. Es gibt eine Verschiebung der Reflexhöhenverhältnisse im Korund, was möglicherweise durch den Einbau von TiO_2 und/oder ZrO_2 verursacht wird. Die Anteile TiO_2-haltiger Phasen sind nach 100 Stunden unterhalb der Nachweisgrenze. Wahrscheinlich ist das Ti^{4+}-Ion so mobil, dass es in die die Proben umgebende Korundschüttung eindiffundiert ist. Verunreinigungen mit Natrium führen auch hier zur Bildung eines natriumarmen β-Al_2O_3 bzw. eines natriumhaltigen Aluminiumtitanates.

Tabelle 5.1-6: Ergebnisse der Rietveldanalyse für Behandlungstemperatur 1400°C und -zeit 55 Stunden

Probe	Phasen	Phasen-anteil 10h [ma.%]	R-Wert Phase [%]	R-Wert Profil [%]
100:00:00	ZnO	20,0	4,27	
	α-Al_2O_3	74,9	4,80	9,35
	β-Al_2O_3 ($NaAl_{23}O_{35}$)	5,1	42,65	
90:00:10	ZnO	20,0	8,14	
	α-Al_2O_3	69,5	6,21	
	β-Al_2O_3 ($NaAl_{23}O_{35}$)	2,7	52,16	9,33
		6,0	13,09	
	t-ZrO_2	1,8	47,13	
	m-ZrO_2			
90:10:00	ZnO	20,0	7,24	
	α-Al_2O_3	68,0	11,31	11,74
	β-Al_2TiO_5	3,7	35,40	
	$Na_{1,97}Al_{1,82}Ti_{6,15}O_{16}$	8,3	36,40	
90:05:05	ZnO	20,0	4,19	
	α-Al_2O_3	74,2	6,49	
	$Na_{1,97}Al_{1,82}Ti_{6,15}O_{16}$	2,2	38,70	9,97
	t-ZrO_2	0,3	25,48	
	m-ZrO_2	2,5	21,22	
	$Zr_5Ti_7O_{24}$	0,8	38,34	
85:05:10	ZnO	20,0	5,47	
	α-Al_2O_3	70,3	8,16	
	$Na_{1,97}Al_{1,82}Ti_{6,15}O_{16}$	2,5	39,29	8,84
	t-ZrO_2	0,5	13,77	
	m-ZrO_2	5,7	14,13	
	$Zr_5Ti_7O_{24}$	1,0	30,06	
85:10:05	ZnO	20,0	4,01	
	α-Al_2O_3	73,5	7,80	
	$Na_{1,97}Al_{1,82}Ti_{6,15}O_{16}$	3,5	36,49	10,23
	t-ZrO_2	0,2	27,20	
	m-ZrO_2	2,8	20,98	
80:10:10	ZnO	20,0	4,97	
	α-Al_2O_3	69,2	7,36	
	$Na_{1,97}Al_{1,82}Ti_{6,15}O_{16}$	3,5	29,11	8,59
	t-ZrO_2	0,6	11,03	
	m-ZrO_2	6,1	14,18	
	$Zr_5Ti_7O_{24}$	0,6	51,92	

Tabelle 5.1-7: Ergebnisse der Rietveldanalyse für Behandlungstemperatur 1600°C und -zeiten 10 bzw. 100 Stunden

Probe	Phasen	Phasen-anteil 10h	R-Wert Phase	R-Wert Profil	Phasen-anteil 100h	R-Wert Phase	R-Wert Profil
		[ma.%]	[%]	[%]	[ma.%]	[%]	[%]
100:00:00	ZnO	20,0	5,17		20,0	8,01	
	α-Al$_2$O$_3$	60,4	12,16		80,0	21,21	
	β-Al$_2$O$_3$	19,6	55,61	14,12	-	-	13,97
	(NaAl$_{23}$O$_{35}$)						
90:00:10	ZnO	20,0	8,81		20,0	3,86	
	α-Al$_2$O$_3$	50,5	19,16		70,8	6,56	
	β-Al$_2$O$_3$	18,7	48,95		0,3	19,92	
	(NaAl$_{23}$O$_{35}$)	5,2	11,34	8,56	1,8	10,01	9,57
	t-ZrO$_2$	5,8	30,57				
	m-ZrO$_2$				7,1	15,98	
90:10:00	ZnO	20,0	4,65	12,63	20,0	6,24	
	α-Al$_2$O$_3$	75,2	10,11		80,0	10,29	13,08
	Na$_{1,97}$Al$_{1,82}$Ti$_{6,15}$O$_{16}$	4,8	40,19		-	-	
90:05:05	ZnO	20,0	4,12		20,0	5,70	
	α-Al$_2$O$_3$	75,8	17,64		77,5	33,98	
	Na$_{1,97}$Al$_{1,82}$Ti$_{6,15}$O$_{16}$	1,8	60,53	12,12	-	-	19,08
	m-ZrO$_2$	2,4	27,24		2,5	34,68	
85:05:10	ZnO	20,0	5,93		20,0	5,52	
	α-Al$_2$O$_3$	73,7	19,21	12,48	75,0	27,70	16,10
	m-ZrO$_2$	6,3	21,57		5,0	25,59	
85:10:05	ZnO	20,0	5,79		20,0	6,92	
	α-Al$_2$O$_3$	76,7	25,78	15,93	79,5	16,84	15,03
	Na$_{1,97}$Al$_{1,82}$Ti$_{6,15}$O$_{16}$	1,3	39,81		-	-	
	m-ZrO$_2$	2,0	41,11		0,5	77,74	
80:10:10	ZnO	20,0	7,08		20,0	5,76	
	α-Al$_2$O$_3$	73,0	19,62		75,3	23,87	
	Na$_{1,97}$Al$_{1,82}$Ti$_{6,15}$O$_{16}$	1,5	42,71	13,04	-	-	15,24
	m-ZrO$_2$	4,8	16,60		4,7	31,01	
	ZrTiO$_4$	0,7	33,73		-	-	

5.1.1.4.4 Allgemeine Tendenzen bei Temperaturbehandlung

Es ist allgemein festzustellen, dass die R-Werte des angepassten Profils höher sind, wenn TiO$_2$ enthalten ist. Rutil ist nur bei Proben nachweisbar, die bei 1200°C behandelt worden. Die Anwesenheit von TiO$_2$ beschleunigt den Umwandlungsprozess o-ZrO$_2$ zu t-ZrO$_2$ zu m-ZrO$_2$ und Θ- oder δ-Al$_2$O$_3$ zu Korund. ZrO$_2$ alleine hingegen scheint die Umwandlung von Θ- und δ-Al$_2$O$_3$ in Korund zu verlangsamen. Θ- und δ-Al$_2$O$_3$ kristallisieren vermutlich auch direkt aus dem amorphen Anteil. Zr$_5$Ti$_7$O$_{24}$ scheint bei höheren Temperaturen die stabilere Phase im Vergleich zu ZrTiO$_4$ zu sein. Der Übergang liegt in den hier betrachteten

Zusammensetzungen zwischen 1300 und 1400°C. Ab 1600°C zersetzt sich diese Phase wieder in die einzelnen Oxide. In den ternären Zusammensetzungen tritt eine Überbewertung des Korundanteils auf, die jedoch nicht rechnerisch korrigiert wurde.

5.1.2 Phasenanalyse mittels Elektronenbeugung

Bei der Analyse der Beugungsbilder von Elektronen können ortsaufgelöste Informationen über die vorhandenen Phasen gewonnen werden. Dies wird hier zur Darstellung der Verteilung der Phasen im lamellar geprägten Gefüge ausgenutzt. Dabei sind zwei Grundfragen von besonderem Interesse. Können über eine statistische Auswertung von Gebieten mit und ohne erkennbare Beugungsmuster Aussagen über die Menge und die Verteilung des amorphen Anteils gewonnen werden? Was passiert nach einer Temperaturbehandlung mit diesem Anteil bzw. welche Phasen kristallisieren daraus? Einschränkungen bei dieser Methode bestehen in der großen Ungenauigkeit bei der Messung der Breite der Kikuchi-Linien, somit ist eine exakte Bestimmung der Netzebenenabstände nicht möglich. Die Winkel dieser Kikuchi-Linien untereinander können dagegen wesentlich genauer auf Werte von ± 0,5° bestimmt werden. Zur Auswertung können demnach hauptsächlich die Unterschiede im Kristallsystem ausgenutzt werden, was eine Trennung von chemisch unterschiedlichen, aber kristallographisch gleich aufgebauten Phasen erschwert. Unter Einbeziehung von Informationen über die Elementverteilung aus einer energiedispersiven Analyse der charakteristischen Röntgenstrahlung kann diese Einschränkung nur teilweise ausgeglichen werden. Deshalb wurden zuerst die Phasen und ihre Anteile über die Rietveldanalyse bestimmt und danach diese Informationen zur Planung und Einschränkung der Probenauswahl genutzt. Es fallen hierbei gleichermaßen die Mikrostruktur betreffende Informationen an. Einige Ergebnisse, die mit dem Kapitel „5.3 Ergebnisse Mikrostruktur" in Zusammenhang stehen, sollen deshalb bereits hier dargestellt werden. Bei allen Auswertungen wurden die Zuordnungen der Beugungsbilder zu bestimmten Phasen bei einer Winkelabweichung größer 1,4° verworfen. Dadurch verringert sich die Anzahl der einer bestimmten Phase zugeordneten Punkte und eine statistische Betrachtung der enthaltenen Phasen ist nicht mehr sinnvoll. Dabei ist die Grenze von 1,4° ein aus der Erfahrung abgeleiteter Wert.

5.1.2.1 Elektronenbeugung im verspritzten Zustand

Die Auswertung der Beugungsbilder von Elektronen ist umso besser und einfacher, je geordneter die Kristallite im Gefüge sind. Bei gestörten Gittern entsteht oft ein nichtauswertbares Muster, aus amorphen Bereichen können prinzipiell keine Beugungsmuster gewonnen werden. Die Informationen, die sich in den Beugungsbildern widerspiegeln, kommen dabei aus einer maximalen Tiefe von ca. 100 nm, wobei bei einer Messung auch die Topographie der Oberfläche zu beachten ist. Aus dem Optimum der Intensität der Beugungsbilder in Abhängigkeit vom Einfallswinkel des Elektronenstrahls relativ zur Probe ergibt sich die hier verwendete Sensoranordnung mit einer Verkippung der Probe von 70°.

Wenn Phasen mit unterschiedlicher Härte in der Probe enthalten sind, dann entsteht durch den Poliervorgang ein Relief, das je nach Verteilung der härteren oder weicheren Phase zu Abschattungseffekten führt. Diese Effekte machen eine Quantifizierung des weicheren amorphen Anteils in den hier untersuchten Systemen unmöglich. Eine weitere Einschränkung der Genauigkeit ist in der Beschichtung der Probe mit einer leitfähigen Substanz wie beispielsweise Kohlenstoff begründet. Diese Beschichtung ist notwendig, um Aufladungen der Probe zu minimieren. Es ist jedoch eine eindeutige räumliche Zuordnung von kristallinen Phasen und amorphen Bereichen möglich. Es zeigt sich, dass die in licht- und elektronenmikroskopischen Abbildungen erkennbaren dunkler kontrastierten Lamellen amorphe Bereiche sind. In der Zusammensetzung 100:0:0 ist also eindeutig ein amorpher Anteil enthalten, der über eine klassische Bildanalyse abgeschätzt werden könnte (vgl. Kapitel „5.3.1 Mikrostruktur im versprizten Zustand").

Da dies ein wichtiger und interessanter Aspekt ist, soll an dieser Stelle noch einmal ein kurzer Blick auf die Literatur geworfen werden. Ähnlich dunkel kontrastierte Sublamellen in thermisch gespritzten Schichten aus den Materialien Al_2O_3, TiO_2 und Hydroxylapatit (HA) sind in den Referenzen [24, 31, 154, 160, 164, 201-203] abgebildet, werden dort jedoch entweder nicht näher betrachtet oder nicht als amorphe Bereiche gekennzeichnet. Amorphe Phasen an der Grenzfläche zum Substrat wurden in den Referenzen [73, 111, 118, 204] beschrieben. In den Referenzen [131, 205] sind eindeutig amorphe Sublamellen und in den Referenzen [104, 105, 206] nicht näher lokalisierte amorphe Anteile in thermisch gespritzten HA-Schichten beschrieben. Es scheint somit, dass die Existenz der amorphen Sublamellen in der Literatur bisher nur im System HA eine gewisse Beachtung gefunden hat, da hier die biologische Aktivität sehr stark von der Kristallinität abhängt und sie sich damit direkt auf die Anwendung auswirkt [105]. Dies mag auch daran liegen, dass in den meisten Untersuchungen Pulver für das thermische Spritzen eingesetzt wird und bei Mehrkomponentensystemen die geringeren Kontraste zwischen amorphen und kristallinen Zuständen durch die Ordnungszahlkontraste überdeckt werden. In gleicher Weise wirken nicht komplett geschmolzene Bereiche, die zur Erlangung nanostrukturierter Zonen notwendig sind. Aufgrund der geringeren Durchmischung ist auch die Tendenz zur Bildung amorpher Zustände prinzipiell geringer. Des Weiteren sind beim Einsatz von z.B. reinem Al_2O_3 diese amorphen Sublamellen sehr dünn oder gar nicht ausgebildet und fallen damit möglicherweise nicht weiter auf. Bei TEM-Untersuchungen werden zwar oft amorphe Zustände gefunden, aber aufgrund der sehr hohen Auflösung und der Art der Probenpräparation nicht in den wesentlich gröber strukturierten Lamellen lokalisiert [39, 40, 71, 103, 117, 163, 207-210]. Im System ZrO_2 scheint mit den üblichen stabilisierenden Oxiden kein amorpher Zustand beim thermischen Spritzen aufzutreten.

Zur Untersuchung mit der Elektronenbeugung wurden im versprizten Zustand zwei Zusammensetzungen ausgewählt. Da der amorphe Anteil von besonderem Interesse ist, wurden 100:0:0 und 80:10:10 als Vertreter mit einem niedrigen bzw. einem hohen Anteil untersucht. In den folgenden Abbildungen sind das Sekundärelektronenbild, die Beugungsbildqualität und die in Phasenzuordnung dargestellt. In der Probe 100:0:0 (Abbildung 5.1-8) tritt der Effekt auf, dass α-Al_2O_3, welches aus nicht aufgeschmolzenen Anteilen stammt, sehr gut und die übrigen Al_2O_3-Phasen sehr schlecht detektiert werden. Das Teilchen links im Bild wurde im Gegensatz zu dem sich rechts des amorphen Bereiches anschließenden Teilchen nur unvollständig aufgeschmolzen. Dies bedeutet für das hier betrachtete System, dass der Korundanteil bei einer Quantifizierung über ein Phasenmapping stark überbewertet werden würde. An der Abbildung der Beugungsbildqualität ist erkennbar, dass die dunkler kontrastierten Lamellen bezüglich ihrer Kristallinität sehr stark gestörten Bereichen entsprechen. Es gibt ebenso einen Übergang von amorph oder stark gestört zu kristallin. Die Richtung der Erstarrung geht dabei von links unten nach rechts oben. Deutlich ist auch das durch das Polieren entstandene Relief zu erkennen. TiO_2- und ZrO_2-Zusätze führen zu einem wesentlich höheren Aufschmelzgrad und damit zu einem wesentlich geringeren Gehalt an Restkorund. Dies ist in Abbildung 5.1-9 zu erkennen. Hier tritt α-Al_2O_3 nur in Spuren auf. Deutlich sind die amorphen Lamellen und der Übergang von amorph zu kristallin zu erkennen. Die Größe dieser Übergangsbereiche schließt eine Keilwirkung aus, die eine fälschliche Zuordnung als eigenständiger Bereich verursachen könnte. Ein Erklärungsansatz für die Übergangsbereiche wird im Kapitel „5.3.1 Mikrostruktur im verspritzten Zustand" dargelegt. Die Richtung der Erstarrung geht hier von links nach rechts. Desweiteren kann $Zr_5Ti_7O_{24}$ vermischt mit γ-Al_2O_3 identifiziert werden. Im Gegensatz zur Probe 100:0:0 sind hier keine Spuren von δ-Al_2O_3 vorhanden. Die Ergebnisse spiegeln die Tendenzen aus der quantitativen Phasenanalyse mit der Rietveldmethode wider. Eine quantitative Auswertung des EBSP-Mappings ergibt, dass ⅔ der auswertbaren Punkte dem γ-Al_2O_3 und ⅓ dem $Zr_5Ti_7O_{24}$ zugeordnet werden können.

5.1.2.2 Elektronenbeugung im temperaturbehandelten Zustand

Für die Untersuchungen an temperaturbehandelten Schichten wurden folgende Zusammensetzungs-Temperatur-Zeit-Kombinationen ausgewählt: 90:5:5 30 min 700°C, 100:0:0 30 min 1000°C und 90:0:10 10 h 1200°C. Die ersten beiden Proben stammen von Thermoschockuntersuchungen, bei denen die Proben auf eine bestimmte Temperatur aufgeheizt, 30 min gehalten und dann einem Thermoschock unterworfen wurden. Die Auswahl der Probe 90:0:10 10 h 1200°C erfolgte nach den enthaltenen Phasen mit der Frage, wie das Θ-Al_2O_3 und das o-ZrO_2 verteilt sind. Nach einer Temperaturbehandlung bei 700°C sind noch deutlich amorphe Lamellen vorhanden (Abbildung 5.1-10) und die Hauptphase ist γ-Al_2O_3. Der Übergang von amorphen zu kristallinen Zuständen findet erst bei ca. 900°C statt (vgl. Kapitel „5.2 Ergebnisse der differentiellen Thermoanalyse des verspritzten Zustandes"). Aus dem amorphen Anteil entsteht dabei hauptsächlich t-ZrO_2 und δ-Al_2O_3 [211, 212]. Bei 1200°C ist dieser Prozess bereits abgeschlossen. Die Umwandlung von γ- zu α-Al_2O_3 über die Zwischenstufen δ- und Θ-Al_2O_3 findet im Bereich zwischen 1000 und 1200°C statt.

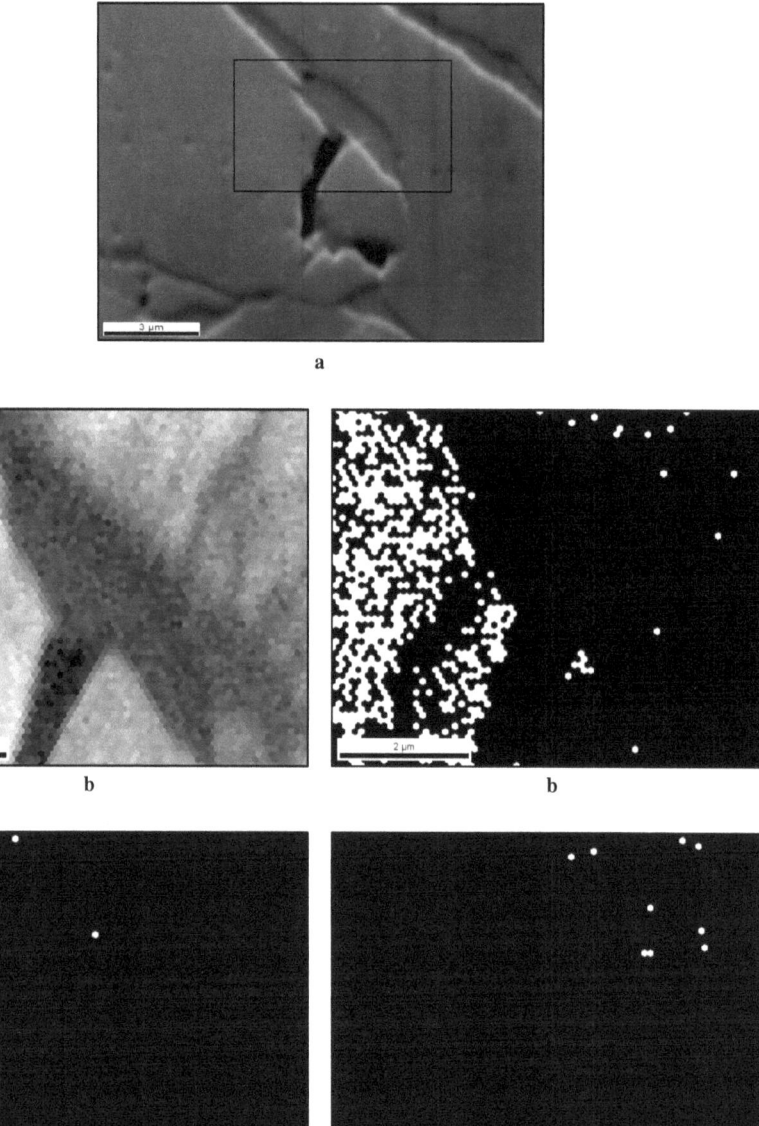

Abbildung 5.1-8: Probe 100:0:0 verspritzt: SE-Abbildung mit Ausschnitt (markierter Bereich) für EBSP-Mapping (a), Verteilung der Beugungsbildqualität (b) und Phasenzuordnung α-Al$_2$O$_3$ (c), δ-Al$_2$O$_3$ (d) und γ-Al$_2$O$_3$ (f)

Ergebnisteil - Phasenanalyse

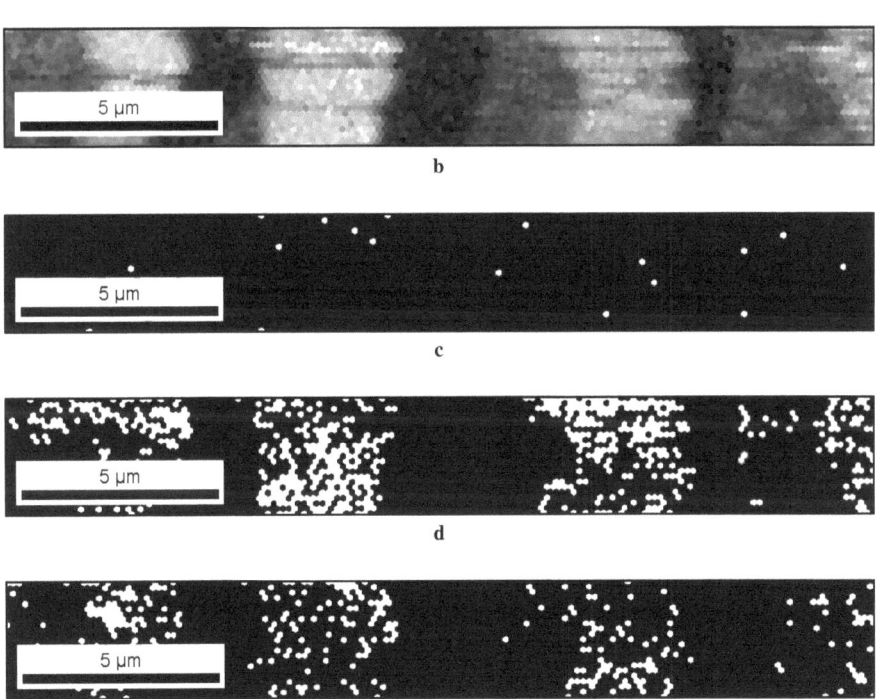

Abbildung 5.1-9: Probe 80:10:10 verspritzt: SE-Abbildung mit Ausschnitt (schwarzes Rechteck) für EBSP-Mapping (a), Verteilung der Beugungsbildqualität (b) und Phasenzuordnungen α-Al_2O_3 (c), γ-Al_2O_3 (d) und $Zr_5Ti_7O_{24}$ (e)

Dabei stellt sich die Frage, ob die Zusätze von TiO_2 und ZrO_2 diese Übergänge beeinflussen. Die Übergangsphase δ-Al_2O_3 tritt zuerst an den Kristallitgrenzen des γ-Al_2O_3 in Erscheinung (Abbildung 5.1-11). Wenn sich die Mehrzahl der γ-Al_2O_3-Körner in α-Al_2O_3 umgewandelt hat, dann sind die Phasen δ- und Θ-Al_2O_3 noch an den Korngrenzen und in sehr gestörten Bereichen erkennbar (Abbildung 5.1-12). Dies deutet auf die Koexistenz mehrerer Wege der Umwandlung von γ- zu α-Al_2O_3 hin.

Für die Probe 90:0:10 behandelt für 10 Stunden bei 1200°C könnte aus den Ergebnissen der quantitativen Phasenanalyse abgeleitet werden, dass ZrO_2 das Θ-Al_2O_3 stabilisiert. Darüber hinaus ergeben sich zu den Ergebnissen der Röntgenbeugungsanalyse zwei grundlegende Unterschiede bezüglich der ZrO_2- und der Al_2O_3-Phasen. Es werden nämlich hauptsächlich m-ZrO_2, wenig t-ZrO_2, kein o-ZrO_2 und hauptsächlich δ-Al_2O_3 anstelle von Θ-Al_2O_3 detektiert. Ebenso wird der Anteil des m-ZrO_2 mit ca. 20 % stark überbewertet. Die genaue Ursache für diese Unterschiede kann jedoch nicht genau bestimmt werden. Möglicherweise beeinflusst der Poliervorgang, welcher eine andere Qualität als die Probenpräparation für die Röntgenbeugung haben könnte, die Umwandlung des ZrO_2 an der Oberfläche. Dies wurde aber bei Untersuchungen an polierten ZrO_2-Proben ausgeschlossen [213]. Bei der Auswertung der Beugungsmuster aus der Elektronenbeugung

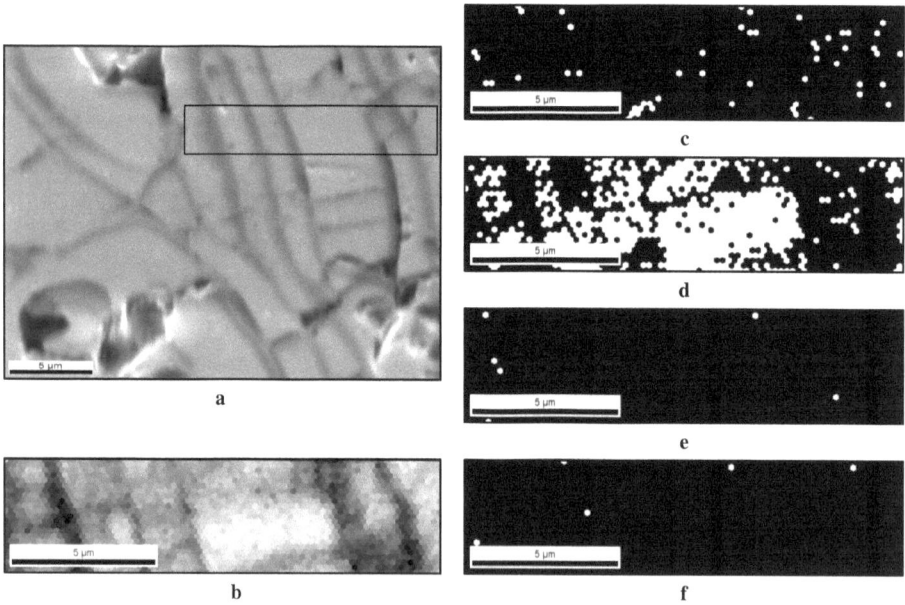

Abbildung 5.1-10: Probe 90:5:5 TS 700°C: SE-Abbildung mit Ausschnitt (schwarzes Rechteck) für EBSP-Mapping (a), Verteilung der Beugungsbildqualität (b) und Phasenzuordnungen α-Al_2O_3, (c), γ-Al_2O_3, (d), δ-Al2O3 (e) und TiO_2 (Rutil) (f)

Ergebnisteil - Phasenanalyse

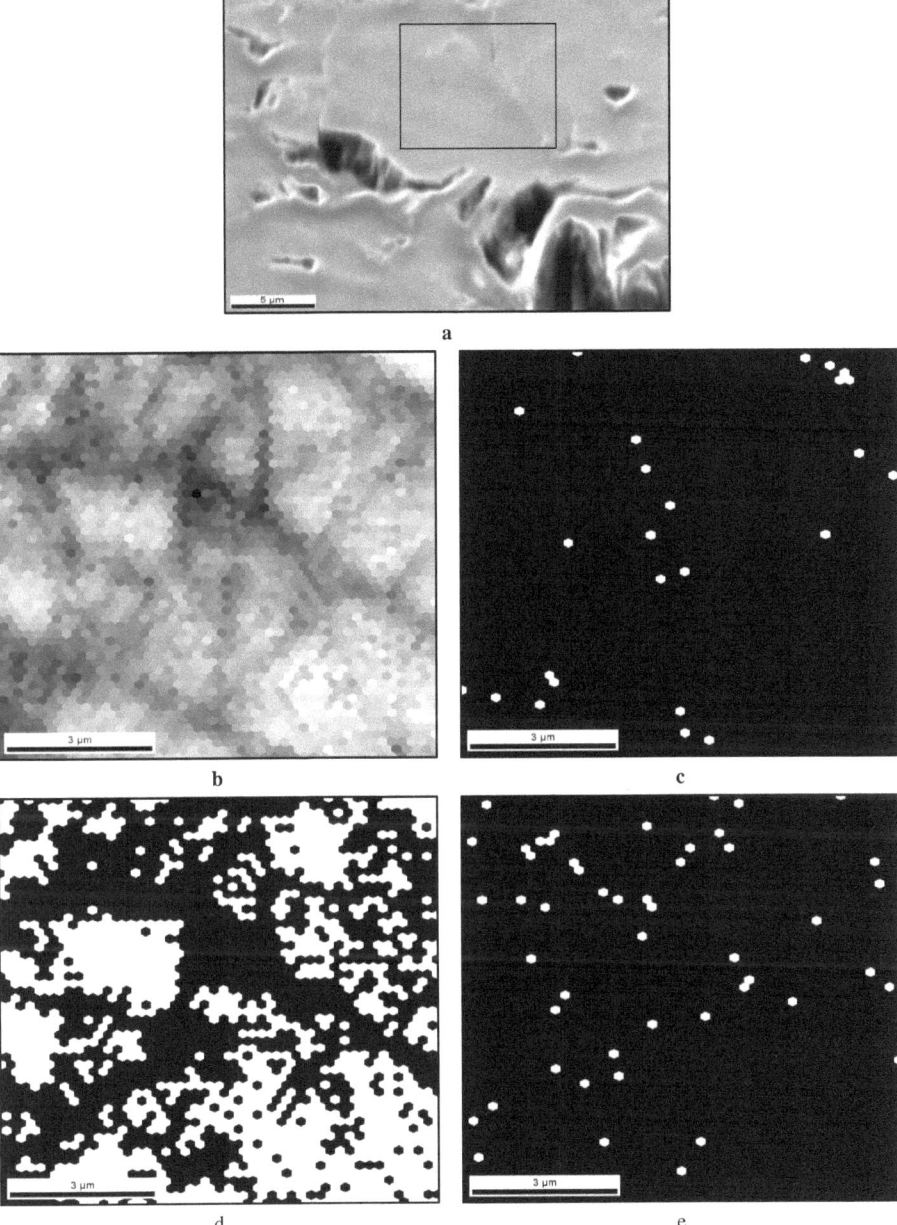

Abbildung 5.1-11: Probe 100:0:0 TS 1000°C: SE-Abbildung mit Ausschnitt (schwarzes Rechteck) für EBSP-Mapping (a), Verteilung der Beugungsbildqualität (b) und Phasenzuordnung α-Al$_2$O$_3$, (c), γ-Al$_2$O$_3$ (d) und δ-Al$_2$O$_3$ (e)

besteht ein entscheidendes Auswahlkriterium in der Anpassungsqualität. Einerseits kann es bei geringen Güten zu einer Fehlzuordnung von Phasen kommen. Andererseits können stark gestörte Gitter nicht ausgewertet werden. Deshalb wurde eine Mindestgüte für die Anpassung (Winkelabweichung < 1,4°) zur Einschränkung der verwendeten Messpunkte eingeführt. Damit bleiben zur statistischen Auswertung nur ca. 50 % der aufgenommenen Messpunkte übrig. Wenn nun eine Phase, wie z.B. das Θ-Al_2O_3 umwandlungsbedingt stärker gestört ist als andere enthaltene Phasen, dann wird diese nicht mit erfasst. Diese Störung macht sich ebenfalls in der Röntgenbeugung in Form verbreiterter Reflexe bemerkbar und ist für die hier betrachteten Phasen sehr wahrscheinlich. Bei der Elektronenbeugung wird in den Schichten m-ZrO_2 identifiziert. Entweder wird m-ZrO_2 detektiert, welches bei der Röntgenbeugungsanalyse aufgrund geringer Gehalte und Kristallitgrößen nicht nachweisbar ist, oder es kommt zu einer fälschlichen Identifizierung des monoklinen Θ-Al_2O_3 als m-ZrO_2. Wenn m-ZrO_2 im Auswertungsalgorithmus nicht mit betrachtet wird, dann werden die dem m-ZrO_2 zugeordneten Beugungsmuster erwartungsgemäß dem Θ- zu Al_2O_3 zugeordnet. Desweiteren ist eine räumliche Verknüpfung der ZrO_2-Phasen erkennen. Denkbar ist, dass dann, wenn m-ZrO_2 und Θ-Al_2O_3 gleichzeitig enthalten sind, eine heterogene Keimbildung der einen Phase an der anderen stattfindet. Die Löslichkeit für ZrO_2 in δ-Al_2O_3 ist größer als die in α-Al_2O_3 [109]. Dies führt möglicherweise zu einer verstärkten Bildung von Θ-Al_2O_3 vor dem Übergang zu α-Al_2O_3. Es ist anzunehmen, dass zumindest ein Teil des Materials einer eutektischen und/oder dendritischen Erstarrung beim Auftreffen der flüssigen Partikel auf das Substrat unterliegt. Zwei Beispiele für derartig strukturierte Bereiche sind in Abbildung 5.1-13 und Abbildung 5.1-14 erkennbar. Das dendritische Wachstum scheint dabei von einem Punkt auszugehen, der möglicherweise von nicht komplett aufgeschmolzenen Teilchen gebildet wird. Das zweite Beispiel zeigt, dass im Elektronenmikroskop erkennbare eutektische Erstarrungsmuster nur in solchen Bereichen

a

Abbildung 5.1-12: Probe 90:0:10 10h 1200°C: SE-Abbildung mit Ausschnitt (schwarzes Rechteck) für EBSP-Mapping (a), Fortsetzung nächste Seite

Ergebnisteil - Phasenanalyse

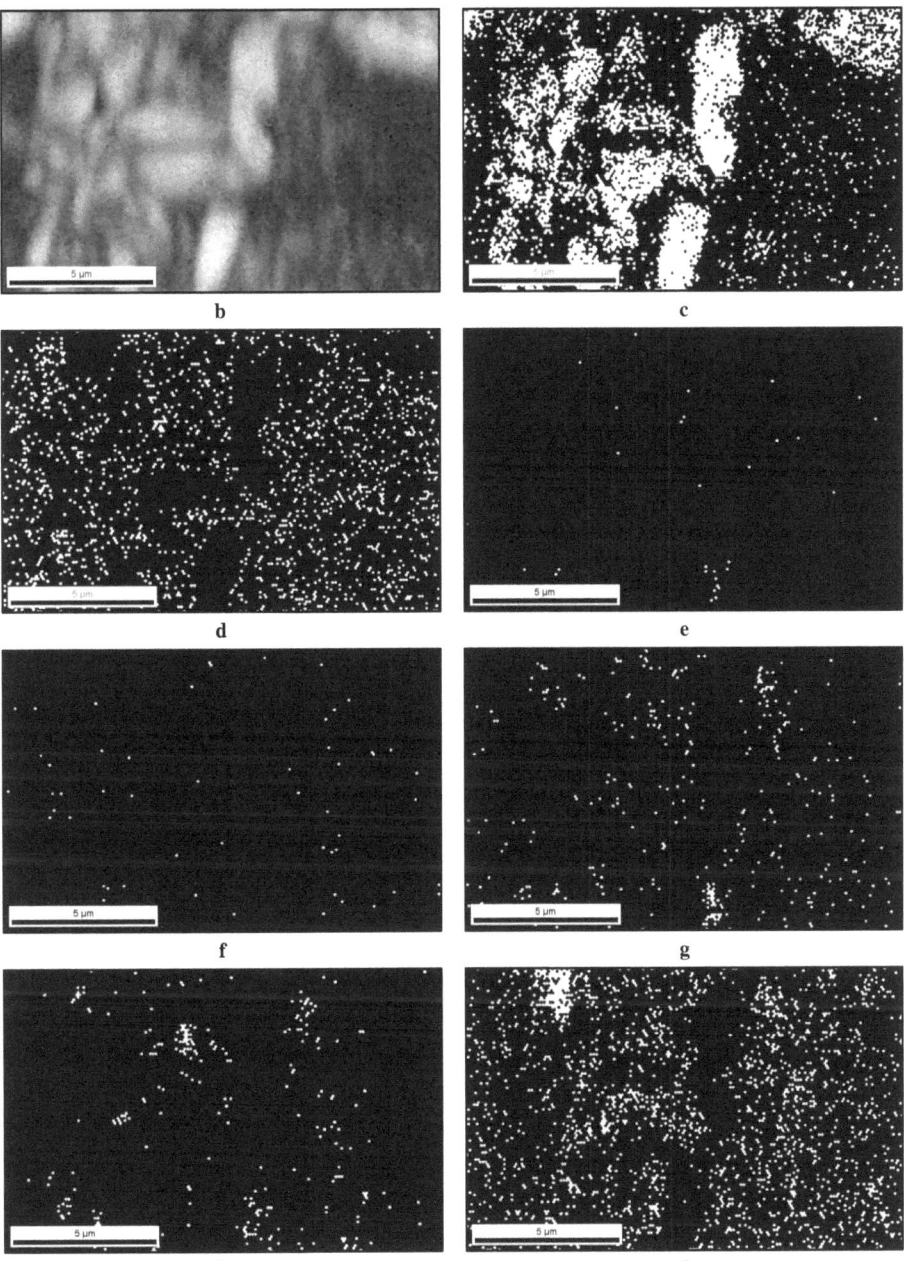

Abbildung 5.1-12: Fortsetzung; Probe 90:0:10 10h 1200°C: Verteilung der Beugungsbildqualität (b) und Phasenzuordnungen α-Al_2O_3 (c), δ-Al_2O_3 (d), γ-Al_2O_3 (e), Θ-Al_2O_3 (f), t-ZrO_2 (g), o-ZrO_2 (h) und m-ZrO_2 (j)

auftreten, die einer gestörten Schichtausbildung entsprechen. Diese Bereiche weichen von der üblichen Mikrostruktur ab. Es handelt sich hier um größere Tropfen mit wesentlich langsamer abgekühlten Bereichen. Während in der Mitte des gestörten Bereiches eindeutig nichtaufgeschmolzene Partikel zu erkennen sind, ist die Abkühlgeschwindigkeit in den übrigen ungestörten Bereichen groß genug, um die Größe der Bereiche unterschiedlicher Zusammensetzung unterhalb der Auflösungsgrenze für Ordnungszahlkontraste im Elektronenmikroskop zu halten. Bei der eutektischen Erstarrung kommt es im Allgemeinen zu einer Orientierungsbeziehung zwischen den Kristallen der Komponenten. Dabei beeinflussen sich die enthaltenen Phasen bei einer anschließenden Temperaturbehandlung gegenseitig in ihrer Kristallisation und Umwandlung [146, 210, 211, 214-217]. Weitere Überlegungen zur eutektischen Erstarrung und deren Einfluss auf den amorphen Anteil sind im Kapitel „5.3.1 Mikrostruktur im verspritzten Zustand" erläutert.

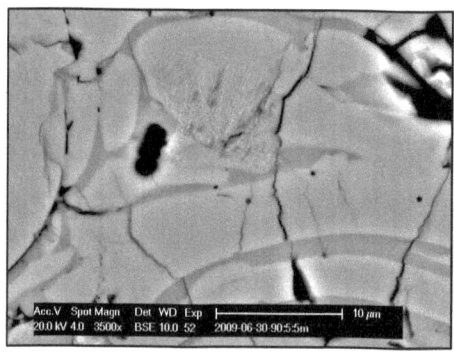

Abbildung 5.1-13: Zone dendritischer und eutektischer Erstarrung in 90:5:5 verspritzt

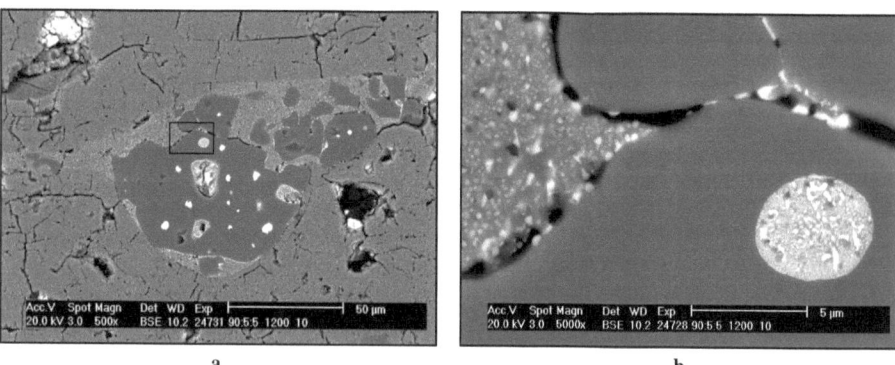

a   b

Abbildung 5.1-14: Durch großen Tropfen gestörter Schichtaufbau in 90:5:5 10h 1200°C (a) und Ausschnitt aus (a) mit eutektisch erstarrtem Bereich (b)

5.2 Ergebnisse der differentiellen Thermoanalyse des verspritzten Zustandes

Alle verspritzen Zusammensetzungen wurden einer differentiellen Thermoanalyse (DTA) unterzogen, deren Ergebnisse in Abbildung 5.2-1 zusammengefasst sind. Dabei gibt es bei steigender Temperatur eine steigende endotherme Tendenz, jedoch ist erst ab ca. 500°C ein merklicher Abfall der Kurve zu erkennen. Eine Erklärung dafür sind Sinterungs- und Kristallwachstumsvorgänge der nanoskaligen und damit hoch sinteraktiven Kristalle [218, 219]. Es gibt zusätzlich zwei Gruppen von Peaks. Die Peaks um 900°C sind mit größter Wahrscheinlichkeit der Kristallisationsenthalpie des amorphen Anteils zuzuordnen [63, 103, 116, 220, 221]. Dabei scheint in 100:0:0 kein nennenswerter amorpher Anteil enthalten zu sein. Eine eindeutige Wirkung des TiO_2 in einer Verschiebung der Peaklage hin zu niedrigeren Temperaturen und eine entgegengesetzte Wirkung des ZrO_2 ist zu erkennen (Abbildung 5.2-2). Die gleiche Tendenz spiegelt sich auch im Einfluss der beiden Zusätze auf den absoluten amorphen Anteil wider. Zusammenfassend kann festgestellt werden, dass

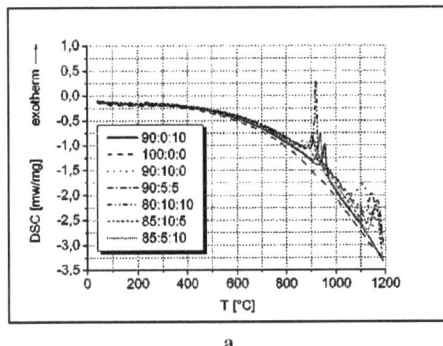 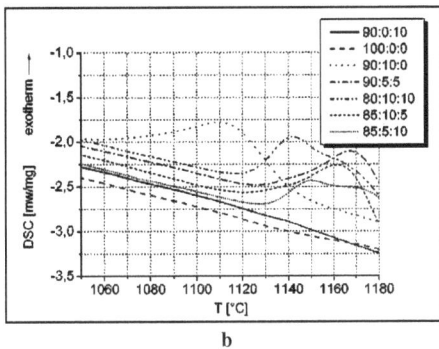

a b

Abbildung 5.2-1: DTA-Kurven aller verspritzten Zusammensetzungen RT bis 1200°C (a) und Detailausschnitt bei höheren Temperaturen (b)

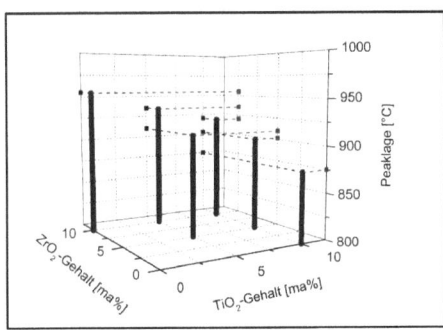 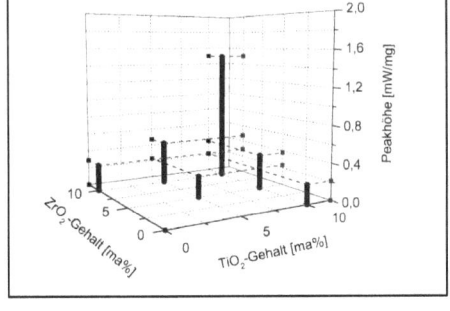

Abbildung 5.2-2: Lage des ersten Peaks der DTA-Kurve, Kristallisation des amorphen Anteils

Abbildung 5.2-3: Höhe des ersten Peaks der DTA-Kurve

im Al_2O_3-System TiO_2-induzierte amorphe Phasen instabiler sind als ZrO_2-induzierte. In Referenz [116] hat ein steigender TiO_2-Gehalt einen gleichen Einfluss auf die Lage des der Kristallisation des amorphen Zustandes zugeordneten exothermen Peaks in einem Kordieritglas. In Referenz [222] wird ein exothermer Peak bei 950°C der Kristallisation von t-ZrO_2 zugeordnet. Diese Erklärung ist hier jedoch zu verwerfen, da dieser Peak ebenfalls in der Probe 90:10:0 auftritt. Ebenso scheidet die bei 950°C gefundene Umwandlung von γ- zu δ-Al_2O_3 [218] aus, da diese auch in der Probe 100:0:0 auftreten sollte. Die Höhe der Peaks sollte proportional zur Quantität des den Peak verursachenden Effektes sein, hier also zur Menge des amorphen Anteils. Es zeigt sich dabei zumindest die gleiche Tendenz (Abbildung 5.2-3), wie bereits im Kapitel „5.1.1 Phasenanalyse mittels Röntgenbeugung" dargestellt. Die Zuordnung der zwischen 1100°C und 1200°C zu findenden Peaks ist weniger eindeutig. Bemerkenswert ist, dass bei 100:0:0 und 90:0:10 kein Peak zu beobachten ist. In den ternären Zusammensetzungen wiederum gibt es zwei sich überlagernde Peaks. Eine Ursache besteht möglicherweise in der Bildung von $ZrTiO_4$. Dabei sollte β-Al_2TiO_5 aus thermodynamischen Gründen bei 1100°C nicht gebildet werden. Ein weiterer Peak könnte durch die Umwandlung von γ- zu δ- oder von δ- zu Θ-Al_2O_3 verursacht werden, wobei eine eindeutige Zuordnung jedoch nicht angegeben werden kann. Es ist jedoch zu vermuten, dass der TiO_2-Anteil die Umwandlung der Übergangs-Al_2O_3 beschleunigt. Es ist bekannt, dass kristalline Zusätze von Fe_2O_3 oder SiO_2 zu γ-Al_2O_3 mit steigender Konzentration die Umwandlungstemperatur γ- zu α-Al_2O_3 durch Bereitstellung von Kristallisationskeimen senken, wobei amorphes SiO_2 einen gegenteiligen Effekt hat [219, 223]. Aus Magnetkernresonanzuntersuchungen geht hervor, dass die Umwandlungen des Al_2O_3 bereits bei niedrigeren Temperaturen beginnen, als von DTA-Kurven ableitbar ist [223]. Es lässt sich abschließend feststellen, dass oberhalb von 950°C kein amorpher Anteil mehr gefunden werden sollte.

Ergebnisteil – Mikrostruktur

5.3 Ergebnisse Mikrostruktur

Für die folgenden Abbildungen der Mikrostruktur wurde die Probennormale vertikal mit der Probenoberseite nach oben ausgerichtet.

5.3.1 Mikrostruktur im verspritzten Zustand

In allen Zusammensetzungen ist ein lamellarer Aufbau und in allen Abbildungsmodi sind deutlich kontrastierte amorphe Zwischenschichten erkennbar. Damit stellt sich zunächst die Frage, ob es eine unterschiedliche Zusammensetzung zwischen den Bereichen verschiedenen Kontrastes gibt. Dies ist im Rahmen der Messgenauigkeit eines Elementmappings nicht der Fall. In Abbildung 5.3-1 ist ein solches über mehrere Lamellen in der Probe 90:5:5 für die Elemente Aluminium, Titanium und Zirkonium dargestellt. Der einzige messbare Kontrast wird durch Poren und Risse verursacht. Bei einem Vergleich der Rissmuster scheint in der Probe 80:10:10 ein Übergang zu weit gröberen Strukturen im

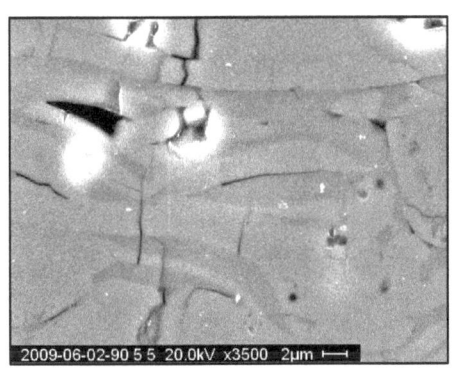
a

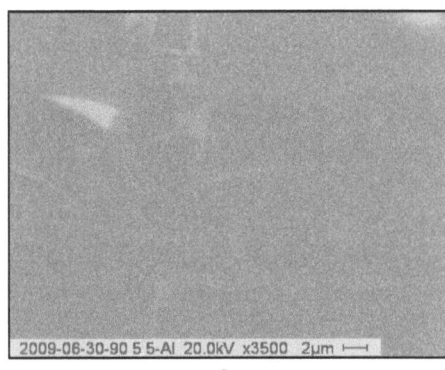
b

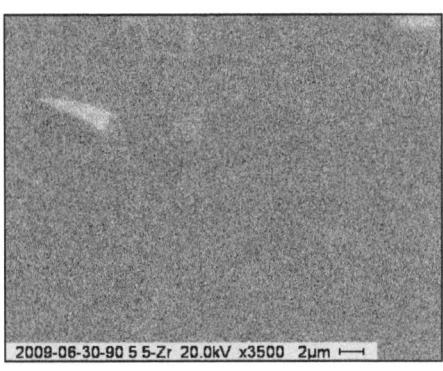
c   d

Abbildung 5.3-1: Elementmapping der Probe 90:5:5 verspritzt; SE-Abbildung (a), Al-Verteilung (b), Ti-Verteilung (c) und Zr-Verteilung (d)

Vergleich zu allen übrigen Zusammensetzungen stattzufinden (Abbildung 5.3-2 bis Abbildung 5.3-10). Des Weiteren erfolgt ein Übergang zu größeren sich innerhalb der Lamellen befindenden runden Poren. Dies spiegelt sich auch deutlich in einer veränderten Porengrößenverteilungskurve wieder (Abbildung 5.3-17). Dabei ist ein Übergang von überwiegend vertikalen intralamellaren zu deutlich ausgeprägten interlamellaren Rissen erkennbar, wobei die Kontaktflächen der Lamellen untereinander deutlich verringert sind.Ursache dafür ist vermutlich die höhere Kontaktfläche aufgrund eines besseren Benetzungsverhaltens wiederum hervorgerufen durch die geringere Viskosität der Schmelze. Dadurch werden aufgrund der größeren Menge der beim Abkühlvorgang temporär gespeicherten elastischen Energie wesentlich größere Spannungen hervorgerufen. Der steigende amorphe Anteil führt auch zu einer steigenden Tendenz zur katastrophalen Rissausbreitung, da hier im Gegensatz zu den kolumnar geprägten kristallinen Bereichen die Risswege nicht vorgeprägt sind und ein Riss durch die komplette amorphe Sublamelle

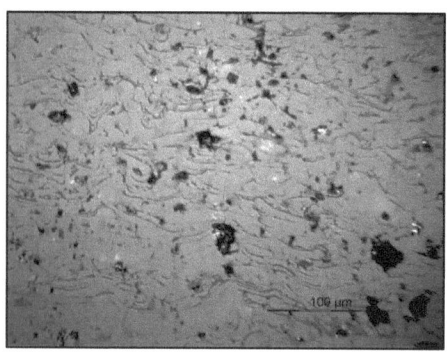
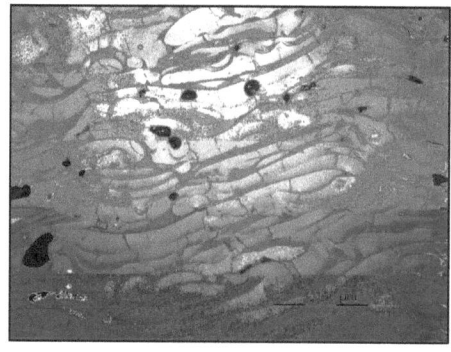

Abbildung 5.3-2: Lichtmikroskopische Aufnahme der Lamellenstruktur 100:0:0 verspritzt

Abbildung 5.3-3: Lichtmikroskopische Aufnahme der Lamellenstruktur 80:10:10 verspritzt

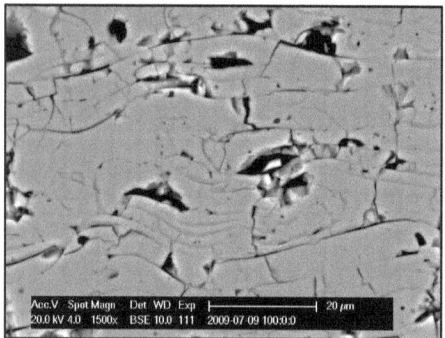
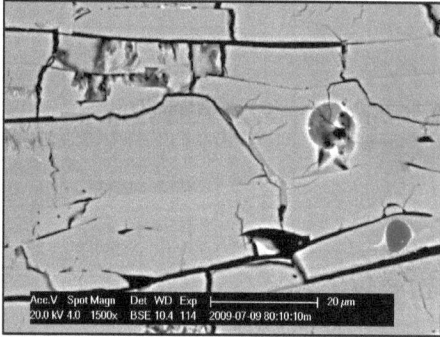

Abbildung 5.3-4: Elektronenmikroskopische Aufnahme der Lamellenstruktur 100:0:0 verspritzt

Abbildung 5.3-5: Elektronenmikroskopische Aufnahme der Lamellenstruktur 80:10:10 verspritzt

Ergebnisteil – Mikrostruktur

hindurchgeht, bevor er abgelenkt wird oder sich verzweigen kann Dabei gibt es jedoch einen kritischen Spannungswert, ab dem sich Risse im amorphen Anteil ausbreiten, so dass vorerst eine Rissstoppung erfolgt, wie in Abbildungen von allen Zusammensetzungen anhand der an amorphen Lamellen endenden Risse erkennbar ist. Die Tatsache, dass die amorphen Lamellen bei einer Politur stärker abgetragen werden als die kristallinen Bereiche, deutet darauf hin, dass diese eine geringere Härte besitzen. Die Ergebnisse einer flächenmäßigen Auswertung der als amorphe Bereiche identifizierten dunkleren Lamellen und die Unterschiede zu den Ergebnissen aus der Rietveldanalyse (vgl. Kapitel „5.1.1.2 Phasen im verspritzten Zustand") sind in Tabelle 5.3-1 zusammengefasst. Dabei erfolgte die Flächenanalyse anhand der im Elektronenmikroskop aufgenommenen Bildern (Ausnahme 80:10:10, hier lichtmikroskopische Aufnahme) über eine statistische Auswertung der Grauwerte, wobei die Porosität dabei ausgeklammert wurde. Da es einerseits einen

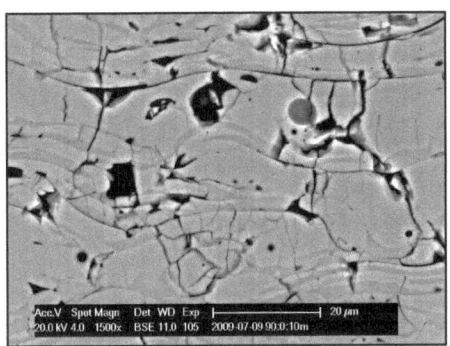

Abbildung 5.3-6: Elektronenmikroskopische Aufnahme der Lamellenstruktur 90:0:10 verspritzt

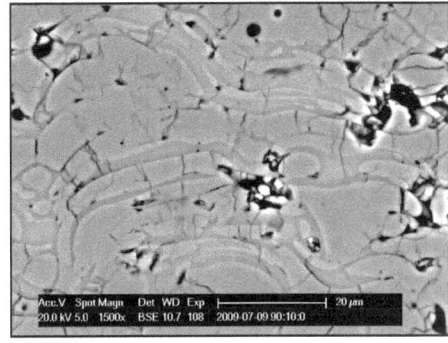

Abbildung 5.3-7: Elektronenmikroskopische Aufnahme der Lamellenstruktur 90:10:0 verspritzt

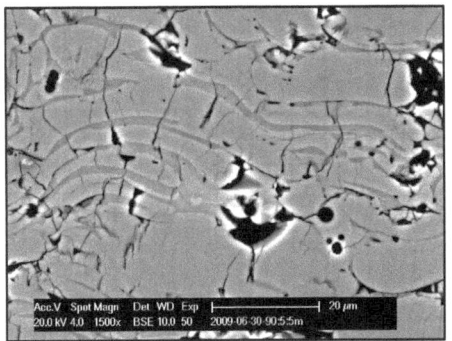

Abbildung 5.3-8: Elektronenmikroskopische Aufnahme der Lamellenstruktur 90:5:5 verspritzt

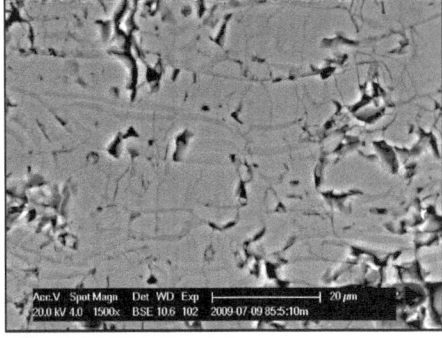

Abbildung 5.3-9: Elektronenmikroskopische Aufnahme der Lamellenstruktur 85:5:10 verspritzt

Tabelle 5.3-1: Flächenanteile der amorphen Lamellen aus Bildanalyse und Differenz zur Rietveldanalyse (K2)

Probe	Flächenanteil der amorphen Lamellen [%]	Amorpher Anteil aus Rietveldanalyse (Korrekturansatz 2) [%]	Differenz von Flächenanteil und Anteil aus Rietveldanalyse [%-Punkte]
100:00:00	5	10	5
90:00:10	20	45	25
90:10:00	25	30	5
90:05:05	10	25	15
85:05:10	15	50	35
85:10:05	10	45	35
80:10:10	20	60	40

kontinuierlichen Übergang der Kontrastwerte zwischen dunkleren (amorphen) und helleren (kristallinen) Bereichen gibt und andererseits dieser Kontrast mit steigender Menge an TiO_2 und ZrO_2 abnimmt, ist die Genauigkeit dieser Methode nur schwer abschätzbar. Deshalb wurden die Angaben auf 5 Prozentpunkte gerundet. Der Flächenanteil wird für die folgenden Betrachtungen in erster Näherung dem Massenanteil gleichgesetzt. Dies geschieht unter den Annahmen, dass erstens, jede Lamelle eine amorphe Sublamelle aufweist, zweitens, diese Sublamelle sich mit konstanter Dicke über die gesamte Lamelle erstreckt, drittens, die Lamellen in ihrer Form annähernd zylindrisch sind und viertens, die Dichte der amorphen Bereiche der der kristallinen Bereiche nahekommt. Somit können vier Grundaussagen abgeleitet werden: erstens ist der Flächenanteil der amorphen Lamellen in 100:0:0 am geringsten und in 90:10:0 am größten; zweitens sinkt der Flächenanteil in den ternären Zusammensetzungen im Vergleich zu den binären Zusammensetzungen; drittens tritt eine deutliche Differenz zu den über die Rietveldanalyse gewonnenen Werten auf,

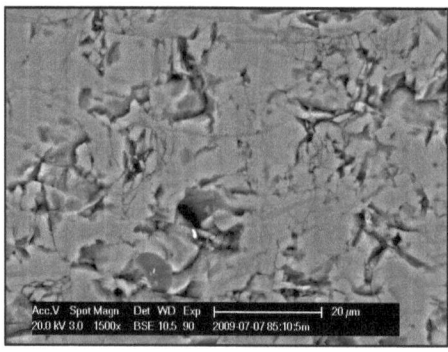

Abbildung 5.3-10: Elektronenmikroskopische Aufnahme der Lamellenstruktur 85:10:5 verspritzt

die bei den ternären Zusammensetzungen mit steigender Menge an Zusätzen größer wird und viertens ist diese Differenz bei den binären Zusammensetzungen für 90:0:10 deutlich größer als für 90:10:0.

Zur Erklärung der Unterschiede kommen zwei Modellvorstellungen in Frage. Zum Ersten ergeben sich diese Differenzen möglicherweise durch eine Zuordnung sehr gering kristalliner Bereiche oder sehr kleiner Kristallite zum amorphen Anteil bei der Rietveldanalyse. Gleichermaßen ist auch eine Nichtlinearität des im Kapitel „5.1.1.2 Phasen im versprtizten Zustand" verwendeten Korrekturansatzes möglich. Die bei einer anderen kritischen Kristallitgröße wirksame Trennung von gering kristallinen und amorphen Anteilen könnte auch die Ursache für entsprechende Unterschiede zwischen den Zusammensetzungen 90:0:10 und 90:10:0 sein, bei denen die verschiedenen Herangehensweisen zu unterschiedliche Tendenzen zum amorphen Anteil führen. Für den Abfall des Flächenanteils der amorphen Lamellen bei ternären Zusammensetzungen ist ein Zusammenhang mit der Bildung von Zirkoniumtitanaten anzunehmen. Diese abfallende Tendenz tritt jedoch nicht bei der Rietveldanalyse und auch nicht bei der Thermoanalyse auf und somit ist dieser Erklärungsansatz wenig wahrscheinlich. Daraus folgt das zweite Erklärungsmodell, nach dem es möglich ist, dass sich amorphe Anteile nicht nur in deutlich erkennbaren Sublamellen (primärer amorpher Bereich) sondern darüber hinaus auch noch fein verteilt im restlichen Volumen befinden. Ein Prozess, der zu dieser Konstellation führen könnte, ist die Anreicherung der Komponenten TiO_2 und ZrO_2 an der Kristallisationsfront des γ-Al_2O_3, wobei dies ein in oxidischen Mehrkomponentensystemen weit verbreitetes Phänomen ist [224-226]. Allerdings hat dieses einen maximalen Effekt bei geringeren Abkühlgeschwindigkeiten, als sie beim Flammspritzen auftreten. Da die Neigung zur Ausbildung amorpher Zustände von der Menge der Zusätze abhängt, könnten so ab einer kritischen Anreicherung sekundäre amorphe Bereiche entstehen, die sehr eng neben kristallinen Bereichen vorliegen. Eine weitere Möglichkeit ist, dass eine gekoppelte dendritische und eutektische Erstarrung erfolgt, bei der sehr feine Kristallite von einer amorphen Phase umgeben sind [103, 106, 107, 117]. Wenn keine Phase mit der Zusammensetzung der Schmelze existiert, dann muss der sich bewegenden Grenzfläche flüssig-fest eine Zone vorangehen, in der sich die Komponenten auftrennen und zu Grenzflächen fest-fest führen. Diese Zone ist vermutlich durch spinodale Entmischung gekennzeichnet. Diese Geschwindigkeit der Auftrennung ist jedoch durch die Diffusionskonstanten begrenzt. Wenn die Geschwindigkeit der Isothermen wesentlich größer ist, dann wird dem System ein amorpher Zustand aufgezwungen (Abbildung 5.3-11). Im System Al_2O_3-SiO_2 liegt die kritische Abkühlrate zur Verhinderung spinodaler Entmischung bei $10^5 - 10^7$ K/s [227], also genau in dem Bereich, der beim thermischen Spritzen erreicht wird. Die bei sinkender Abkühlgeschwindigkeit nachfolgend dendritisch wachsenden Kristallite sind in dem hier untersuchten System γ-Al_2O_3-Kristalle. Mit diesem Modell wäre eine Erklärung für die Übergangsbereiche zwischen amorphen und kristallinen Lamellen gegeben (vgl. Abbildung 5.1-9), deren Dimension somit vom Verlauf

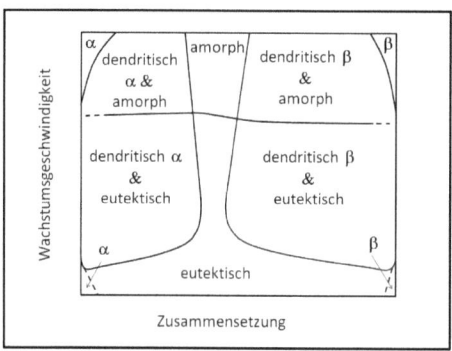

Abbildung 5.3-11: Art der Mikrostruktur in Abhängigkeit von der Zusammensetzung und der Kristallwachstumsgeschwindigkeit in einem eutektischen System der Komponenten α und β mit Mischungslücke nach [106]

der Abkühlgeschwindigkeiten bestimmt wird. Eine ähnliche Abhängigkeit der Phasenausbildung von der Lamellendicke und damit von der Abkühlgeschwindigkeit wird in Referenz [72] für die verschiedenen Al_2O_3-Phasen beschrieben. Wenn TiO_2 und ZrO_2 gleichzeitig enthalten sind, dann wird die Bildung sekundärer amorpher Bereiche verstärkt und der primäre amorphe Anteil sinkt. Da Zirkoniumtitanat die Eigenschaft besitzt, dass sich seine Hochtemperaturphase schon bei moderaten Abkühlraten leicht einfrieren lässt, gilt dies eventuell auch für noch ungeordnetere amorphe Zustände [51-53]. Diese Überlegungen und die Größenordnung solcher Bereiche wären durch Transmissionselektronenmikroskopie (TEM) weiter aufzuklären.

Deshalb wurde die Probe 80:10:10 für eine TEM-Analyse ausgewählt, da bei dieser der Anteil der sekundären amorphen Bereiche, und somit die Chance, solche Bereiche zu finden, am größten ist. Es gibt in der Probe großflächige rein amorphe, gemischte und rein kristalline Bereiche (Abbildung 5.3-12 und Abbildung 5.3-13). Die gemischten Bereiche sind durch längliche eindeutig amorphe Bereiche (Abbildung 5.3-14 und Abbildung 5.3-15) geprägt, die eine Breite von ca. 50 nm (Abbildung 5.3-16) und eine Länge von einigen 100 nm aufweisen und parallel zum Wärmefluss ausgerichtet sind. Die dendritischen Bereiche zwischen den sekundären amorphen Bereichen weisen eine Breite von ca. 100 – 200 nm und eine Länge von ebenfalls mehreren 100 nm auf. Die Kristallitgrößen in den gemischten Bereichen liegen im Bereich von 50 nm, nach dem Übergang zu rein kristallinen Bereichen steigen sie auf ca. 200 nm an. Dieser mit steigender Lamellendicke und damit sinkender Abkühlgeschwindigkeit stattfindende Übergang zu größeren Kristalliten wurde schon im Kapitel „3.2.1 Mikrostruktur im verspritzten Zustand" dargestellt. Zwischen den Bereichen verschiedener Kristallinität gibt es jeweils einen scharfen Übergang, was mit den Abbildungen der Beugungsbildqualität aus der Elektronenbeugung (vgl. Abbildung 5.1-9 b)

Ergebnisteil – Mikrostruktur

übereinstimmt. Die Kristallitgrößen von 50 nm liegen nahe der Auflösungsgrenze der zur Elektronenbeugung verwendeten Versuchsanordnung und somit ist eine Erklärung für die geringe Beugungsbildqualität in den gemischten Bereichen gefunden. Die länglichen sekundären amorphen Bereiche sind ebenfalls in der linken oberen Ecke in Abbildung 5.3-13 zu erkennen. Der Riss am Übergang zwischen primären amorphen und gemischt

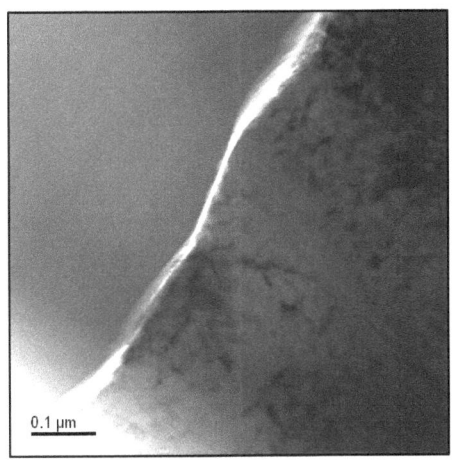

Abbildung 5.3-12: Übergang von primären amorphen Bereichen zu gemischt amorph-kristallinen Bereichen

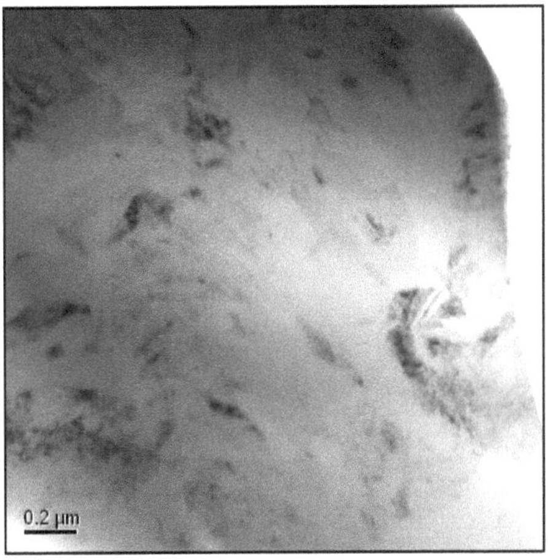

Abbildung 5.3-13: Übergang von gemischt amorph-kristallinen Bereichen zu rein kristallinen Bereichen

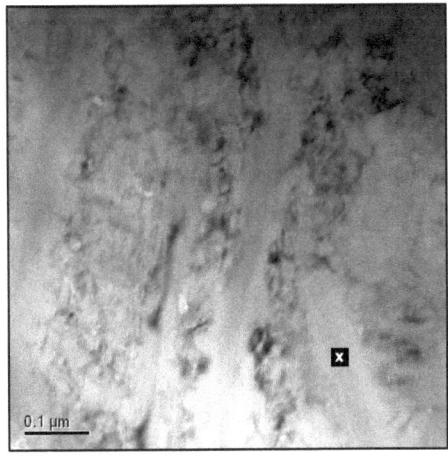

Abbildung 5.3-14: Gemischt amorph-kristalline Bereiche

Abbildung 5.3-15: Beugungsbild der in Abbildung 5.3-14 markierten Stelle

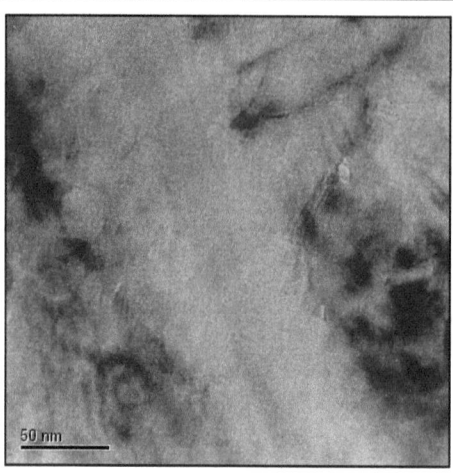

Abbildung 5.3-16: Sekundärer amorpher Bereich

amorph-kristallinen Bereichen in Abbildung 5.3-12 ist auf die Probenpräparation zurückzuführen. Eine EDX-Analyse der sekundären amorphen Bereiche ergab, dass diese ca. 90 ma.% Al_2O_3 und etwa doppelt so viel TiO_2 wie ZrO_2 enthalten, während in den benachbarten kristallinen Bereichen ungefähr die Ausgangszusammensetzung gefunden werden konnte. Das bedeutet, dass der vorgeschlagene Mechanismus der leichteren Amorphisierung der Zirkoniumtitanatphasen nicht für den sekundären amorphen Anteil verantwortlich sein kann. Ebenso wenig kommt es zu Amorphisierung aufgrund einer Anreicherung der Komponenten TiO_2 und ZrO_2 an der Kristallisationsfront. Die stärkere Abtragung der amorphen Bereiche (vgl. Abbildung 5.1-8 a) durch die Probenpräparation wird ebenfalls bei der Präparation von Proben für TEM-Untersuchungen durch Ionendünnung an den sekundären amorphen Bereichen gefunden und wirkt sich direkt auf die Zählrate bei EDX-Messungen aus und macht somit ein Elementmapping in den gemischten Bereichen unmöglich.

Worauf beruht nun die beobachtete Amorphisierung der sekundären amorphen Bereiche? Welcher Mechanismus kann noch dazu gleichzeitig zu einer Abreicherung der Zusätze beitragen? Ein Hinweis kann aus der Beobachtung, dass die primären amorphen Bereiche in den ternären Zusammensetzungen und in 90:0:10 einen geringeren Anteil und geringere Dicken als in 90:10:0 haben, gewonnen werden. Es gibt offensichtlich eine minimale Abkühlgeschwindigkeit, bei deren Unterschreiten Kristallisation einsetzt. Und diese minimale Geschwindigkeit ist abhängig von der Art und Konzentration und der Zusätze. Es existiert unter diesen Nichtgleichgewichtsbedingungen eine maximale Löslichkeit von TiO_2 und ZrO_2 sowohl einzeln als auch in Kombination in der γ-Al_2O_3-Phase, die innerhalb des in dieser Arbeit untersuchten Konzentrationsbereiches liegt. Des Weiteren ist bekannt, dass im binären Al_2O_3-ZrO_2 und vermutlich auch im ternären System eine Mischungslücke im flüssigen Zustand existiert und spinodale Entmischung auftritt. Spinodale Entmischung tritt in übersättigten Lösungen auf, die instabil gegen Fluktuationen der Konzentration sind und spontan in zwei flüssige Phasen zerfallen. Beim Unterschreiten einer bestimmten Abkühlgeschwindigkeit werden die Dimensionen der entmischten Bereiche groß genug, so dass beim nachfolgenden Unterschreiten der Liquidustemperatur stabile Keime entstehen können. Diese Keime wären der Spezies ZrO_2 und $Zr_5Ti_7O_{24}$ zuzuordnen und sie könnten eine Kristallisation des $\gamma\text{-}Al_2O_3$ durch heterogene Keimbildung bewirken. Damit kann der scharfe Übergang von den primären amorphen zu den gemischten Bereichen erklärt werden. Durch das schnellere Wachstum von ZrO_2- und $Zr_5Ti_7O_{24}$- im Vergleich zu $\gamma\text{-}Al_2O_3$-Kristalliten werden der Schmelze die Komponenten TiO_2 und ZrO_2 entzogen. Beim Unterschreiten einer bestimmten Konzentration bewegt sich das System dann aus dem Bereich der spinodalen Entmischung heraus, die Abkühlgeschwindigkeit ist jedoch noch groß genug, um es bei nun fehlender heterogener Keimbildung amorph erstarren zu lassen. Die Grenze dieser Konzentrationen ist durch die beobachtete Zusammensetzung der sekundären amorphen Bereiche ableitbar. Da die gemischten Bereiche dendritisch erstarren, wird die sekundäre amorphe Phase parallel zu den Dendriten angeordnet. Bei weiterem Absinken der Abkühlgeschwindigkeit erstarrt die Schmelze dann weder amorph noch dendritisch und die beobachtete Bildung größerer globularer Kristallite setzt ein. Die Keimbildungsrate und die Keimbildungsgeschwindigkeit von ZrO_2 bzw. $Zr_5Ti_7O_{24}$ sind sehr wahrscheinlich größer als die des $\gamma\text{-}Al_2O_3$. Diese Vermutung wird auch dadurch gestützt, dass TiO_2 und ZrO_2 oft als Keimbildner für Glaskeramiken eingesetzt werden, was vermutlich auf deren Tendenz zu Entmischung im flüssigen Zustand in oxidischen Schmelzen beruht und sie somit Embryonen zur Keimbildung bereitstellen [22, 113]. Im glaskeramischen System Keatit-Mischkristall bildet sich bei Anwesenheit von ZrO_2 und TiO_2 immer $ZrTiO_4$ [228]. Damit scheint ein Einfluss der durch TiO_2 und/oder ZrO_2 bestimmten Keimbildung im hier untersuchten System sehr wahrscheinlich [63, 124, 229]. Die Existenz der sekundären amorphen Bereiche scheint somit an den Effekt der spinodalen Entmischung bzw. der eutektischen Erstarrung gekoppelt zu sein. Für das Auftreten einer spinodalen Entmischung spielt die Koordinationszahl der Kationen in der Schmelze eine wichtige Rolle. Eine Mischungslücke im flüssigen Zustand, d.h. die Existenz zweier flüssiger Phasen, wird in verschiedenen Alkalisilikat- und Alkaliborosilikatglassystemen beobachtet und auf unterschiedliche Koordinationszahlen der beteiligten Spezies zurückgeführt [112]. Nach Referenz [227] tritt spinodale Entmischung in binären Silikaten auf, wenn drei Bedingungen erfüllt sind: Erstens, die Bindungsstärke des Netzwerkwandlers liegt im Bereich $0{,}26 < x < 0{,}83$ kJ/mol, zweitens, die Koordinationszahl des Netzwerkwandlers ist verschieden von der des Netzwerkbildners und drittens, der Unterschied in der Feldstärke nach Dietzel ist größer $-0{,}02\ldots0{,}06$ und kleiner $0{,}8\ldots0{,}9$. Alle drei Bedingungen sind für das hier untersuchte ternäre System erfüllt und damit ist ein Auftreten von spinodaler Entmischung wahrscheinlich.

Somit kann die Existenz eines Mechanismus, der zu sekundären amorphen Bereichen führt, als nachgewiesen betrachtet werden. Hiermit wäre auch eine Erklärung für die schlechte Beugungsbildqualität bei der Analyse mittels Elektronenbeugung gefunden. Die Verringerung des Kontrastes in den Abbildungen von Rückstreuelektronen zwischen den amorphen und den kristallinen Bereichen innerhalb der Lamellen bei den Zusammensetzungen 85:5:10, 85:10:5 und 80:10:10 bestätigt ebenfalls das Auftreten sekundärer amorpher Bereiche. Daraus folgt, dass nur der primäre amorphe Anteil über eine Bildanalyse zugänglich ist, während die Effekte der Rissumleitung und –stoppung hingegen vom Gesamtanteil abhängen. Der sekundäre amorphe Anteil wird in erster Linie die durch die kolumnare Anordnung der Kristallite innerhalb von Lamellen bestimmte Rissausbreitung beeinflussen, da er als zähere Phase zwischen den härteren Kristallen eine Verstärkung der Bindung bewirkt [230]. Die Neigung zur Ausbildung von primären amorphen Bereichen hängt von den Eigenschaften des Matrixmaterials (γ-Al_2O_3) ab und wird somit von einer kritischen Abkühlgeschwindigkeit bestimmt, wobei diese wiederum entscheidend durch TiO_2 (und von anderen sich leicht ins Gitter einpassenden Komponenten) beeinflusst wird, wie ein Vergleich der sekundären amorphen Anteile der Zusammensetzungen 100:0:0 mit 90:10:0 und 90:0:10 erkennen lässt. Dabei ist der sekundäre amorphe Anteil jedoch an den Mechanismus der gekoppelten dendritischen-eutektischen Erstarrung bzw. der spinodalen Entmischung gebunden und tritt somit nicht im reinen Al_2O_3, unerwarteter weise ebenfalls nicht in 90:10:0 dafür aber verstärkt in 90:0:10 und in allen ternären Zusammensetzungen auf. Dies steht nur in scheinbarem Widerspruch zu den gefundenen eutektischen Erstarrungsmustern für Zusammensetzungen im System Al_2O_3-TiO_2 [48, 93, 231]. Da dies nur für moderate Abkühlgeschwindigkeiten und somit nur für das System α-Al_2O_3 und β-Al_2TiO_5 gilt, ergibt sich bei höheren Abkühlgeschwindigkeiten für diese geringen TiO_2-Gehalte ein Übergang zu einem anderen Verhalten. Durch den geringen Unterschied der Koordinationszahlen der Al^{3+}- und der Ti^{4+}-Ionen in der Schmelze ist keine spinodale Entmischung und durch den leichten Einbau von TiO_2 in das γ-Al_2O_3-Gitter ist keine eutektische Erstarrung zu beobachten, da sich keine zweite Phase ausbilden kann. Bei höheren TiO_2-Gehalten, die die Aufnahmefähigkeit des γ-Al_2O_3-Gitters für TiO_2 überschreiten, wäre möglicherweise ein sekundärer amorpher Anteil zu erwarten. In den ternären Mischungen sind γ-Al_2O_3 und $Zr_5Ti_7O_{24}$ die beiden eutektischen Komponenten. Da entsprechende Strukturen in den Proben gefunden wurden (vgl. Kapitel „5.1.2.1 Elektronenbeugung im verspritzten Zustand"), ist anzunehmen, dass dieser Mechanismus in den hier untersuchten Systemen wirksam ist. Im Kapitel „3.1.5 Entstehung eines amorphen Anteils" wurde schon beschrieben, dass für abrasive Beanspruchung eine amorphe Matrix mit eingelagerten harten Kristallen vorteilhaft ist. Ein ähnlicher Aufbau könnte somit mit den hier untersuchten Systemen realisiert werden.

Die Größenverteilung der offenen Porosität kann als Maß für die Anzahl und die Größe der verschiedenen Rissklassen angesehen werden. Dabei zeichnen sich deutlich drei verschiedene Größenklassen ab (Abbildung 5.3-17). Die im Bereich 2 – 4 µm liegende Porosität kann den großen Poren und weit geöffneten Rissen und die zwischen 100 und 400 nm liegende Porosität den Mikrorissen zugeordnet werden. Die bei Werten größer 10 µm liegenden Poren entsprechen eventuellen Ausbrüchen oder extrem großen Poren. Eine deutliche Verschiebung der Größe der Mikrorisse von ca. 300 nm bei 100:0:0 zur Hälfte dieses Wertes in allen anderen Zusammensetzungen ist zu erkennen. Die integrale offene Porosität (Abbildung 5.3-18) wird durch die Zusätze deutlich verringert, wobei ZrO_2 einen stärkeren Einfluss hat als TiO_2. Ist nur TiO_2 enthalten, so ergibt sich nur eine etwa halb so große Reduzierung der Porosität wie in den übrigen Zusammensetzungen, wofür möglicherweise eine Verlagerung hin zu geschlossener Porosität verantwortlich ist. Eine Berechnung der Dichte und Vergleich mit der gemessenen Rohdichte (Abbildung 5.3-19) ist nicht möglich, da die Dichten des amorphen Anteils und des γ-Al_2O_3 mit teilweise ins Gitter eingebauten Zusätzen nicht bekannt sind und auch nicht genau genug abgeschätzt werden

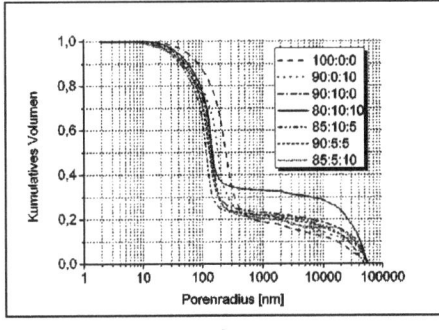
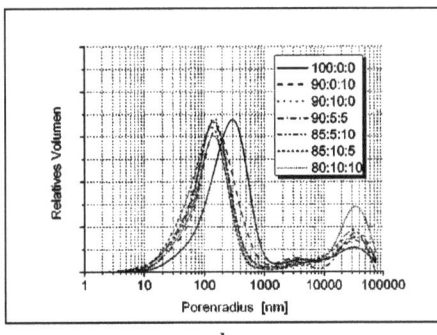

a b

Abbildung 5.3-17: Verteilungskurven der offenen Porosität im verspritzten Zustand kumulativ (a) und relativ (b)

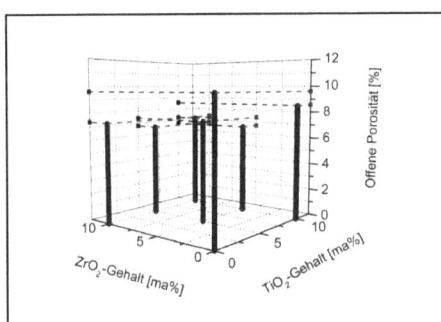
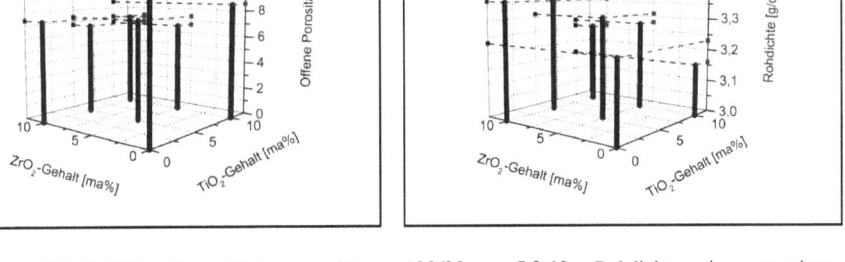

Abbildung 5.3-18: Offene Porosität im verspritzten Zustand

Abbildung 5.3-19: Rohdichten im verspritzten Zustand

können. Ausgehend von den Dichten der gefundenen Phasen (vgl. Tabelle 3-1) kann jedoch die Tendenz abgeschätzt werden, nach der mit steigendem ZrO_2-Gehalt eine Erhöhung der Rohdichte zu erwarten ist. TiO_2 bildet mit ZrO_2Zirkoniumtitanate, welche im Vergleich zum γ-Al_2O_3 ebenfalls eine höhere Dichte besitzen. Für die TiO_2-Phasen gilt das Gleiche. Insgesamt sollte die gemessene Dichte mit steigender Menge beider Zusätze steigen, wobei ZrO_2 einen stärkeren Einfluss haben sollte. Dies wird allerdings nicht beobachtet. Der Einfluss von TiO_2 auf die Rohdichte liegt in einer Verringerung dieser, wogegen ZrO_2 einen entgegengesetzten Effekt hat. Die in Abbildung 5.3-2 erkennbaren verstärkt auftretenden runden intralamellaren Poren deuten darauf hin, dass eine Verlagerung hin zu geschlossener Porosität stattfindet und die erwartete Tendenz des Verlaufs der Rohdichte überlagert.

5.3.2 Entwicklung der Mikrostruktur unter Temperatureinwirkung

Wie bereits im Kapitel „4.6 Voruntersuchungen zur Mikrostruktur" ansatzweise dargestellt, bewirkt eine Temperaturbehandlung zwei die Mikrostruktur prägende Effekte: Sinterung und Phasenumwandlung. Dabei ist bekannt, dass zunächst die säulenartigen Strukturen innerhalb der Lamellen und anschließend die Lamellen selbst verschwinden, wobei die Geschwindigkeit dieses Prozesses durch das TiO_2 stark beeinflusst wird. Während die sichtbare Lamellenstruktur bei den Zusammensetzungen 90:0:10 und 100:0:0 erst nach einer Temperaturbehandlung oberhalb von 1400°C verschwindet, verliert sie sich bei den übrigen Zusammensetzungen bereits oberhalb oder sogar bereits während der Behandlungsstufe 1200°C. Eine gleiche Tendenz wird für die säulenartige Struktur innerhalb der Lamellen beobachtet, während sie bei 90:0:10 (Abbildung 5.3-20) durch die Ausscheidung von ZrO_2 und bei 100:0:0 (Abbildung 5.3-21) noch nach der Behandlungsstufe 10h bei 1200°C erkennbar bleibt, verschwindet diese in allen übrigen Zusammensetzungen. Nach 100h bei 1200°C ist sie aber in keiner Probe mehr nachzuwei

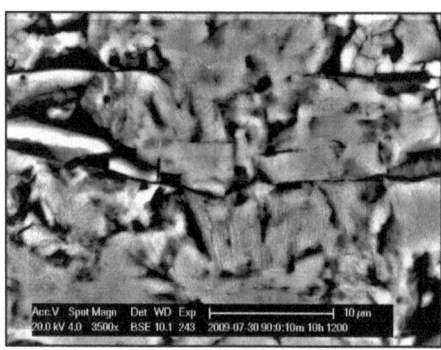 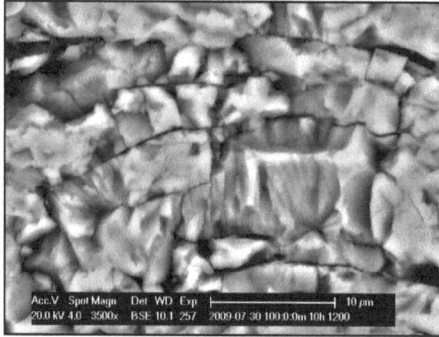

Abbildung 5.3-20: Elektronenmikroskopische Aufnahme der kolumnar gewachsenen Bereiche in 90:0:10 nach 10 h bei 1200°C

Abbildung 5.3-21: Elektronenmikroskopische Aufnahme der kolumnar gewachsenen Bereiche in 100:0:0 nach 10 h bei 1200°C

Ergebnisteil – Mikrostruktur

sen. Die sichtbaren Ausscheidungen von ZrO_2 bzw. Zirkoniumtitanaten erscheinen nach. einem bestimmten Muster. Dabei ist denkbar, dass sie sich bevorzugt an den ehemaligen Grenzen zwischen verschiedenen Lamellen und zwischen amorphen und kristallinen Bereichen ansammeln. In Abbildung 5.3-22 und Abbildung 5.3-23 sind Reihen von hellen Ausscheidungen zu sehen, die nach diesem Muster entstanden sein könnten. Wie bereits im Kapitel „4.6 Voruntersuchungen zur Mikrostruktur" erläutert, gibt es zwei verschiedene Größenklassen von Ausscheidungen. In Abbildung 5.3-22 sind große ZrO_2-Teilchen sowohl innerhalb als auch an den Korngrenzen von Korundkörnern und sehr kleine im Korn verteilte Ausscheidungen erkennbar. Ein gleiches Bild, allerdings schon bei niedrigeren Temperaturen, bieten die TiO_2- und ZrO_2-haltigen Systeme. Dies lässt auf dendritische zu

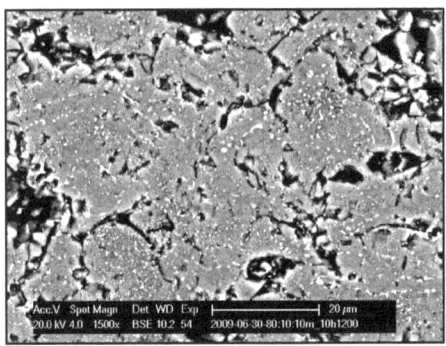
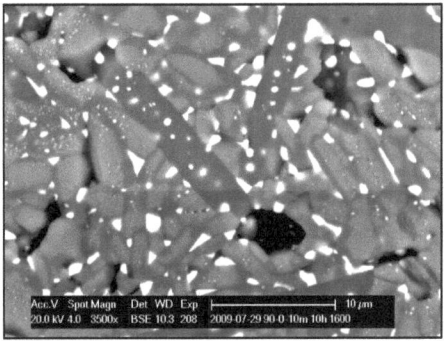

Abbildung 5.3-22: Elektronenmikroskopische Aufnahme der Ausscheidungen von Zirkoniumtitanat entlang ehemaliger Lamellen in 80:10:10 nach 10 h bei 1200°C

Abbildung 5.3-23: Elektronenmikroskopische Aufnahme der verschiedenen Größenklassen und Geometrien von Ausscheidungen von ZrO_2 in 90:0:10 nach 10 h bei 1200°C

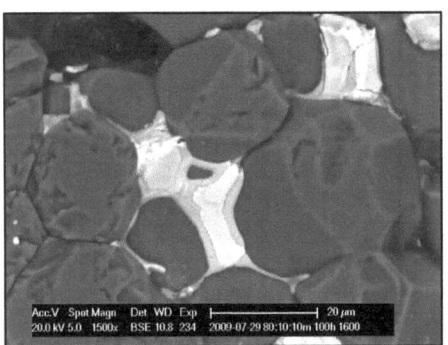

Abbildung 5.3-24: Elektronenmikroskopische Aufnahme des zonaren Aufbaus der Ausscheidungen mit Rissen in 80:10:10 nach 100 h bei 1600°C

Abbildung 5.3-25: Elektronenmikroskopische Aufnahme des m-ZrO_2 in Ausscheidungen in 85:5:10 nach 100 h bei 1600°C

und/oder eutektische Erstarrungsvorgänge beim Herstellungsprozess schließen, die auch den gefundenen primären und sekundären amorphen Anteilen führenIn den Bereichen mit eutektischer Struktur wirken ZrO_2-Kristallite während einer Temperaturbehandlung als Keime und verbrauchen komplett das benachbarte ZrO_2. In den feineren Bereichen kommt es zur Ausscheidung aus den primären amorphen Anteilen und damit zur Ausbildung wesentlich feinerer Ausscheidungen. Eine Wechselwirkung mit den Übergangsphasen des Al_2O_3 ist sehr wahrscheinlich, da das Θ-Al_2O_3 hauptsächlich in 90:0:10 auftritt und ebenso wie das m-ZrO_2 eine monokline Kristallstruktur zeigt. Ein Einfluss der im Vergleich zum Korund höheren Löslichkeit von TiO_2 bzw. ZrO_2 in den Übergangsaluminiumoxiden ist ebenfalls denkbar, wäre aber in tiefergehenden Untersuchungen zu klären [109]. Dabei beeinflussen die Zusätze die Übergangsaluminiumoxide zum einen direkt durch die Veränderung der Kinetik und zum anderen indirekt durch den amorphen Anteil, da dieser nicht in γ-Al_2O_3, sondern direkt in δ- oder Θ-Al_2O_3 übergeht. Des Weiteren werden die

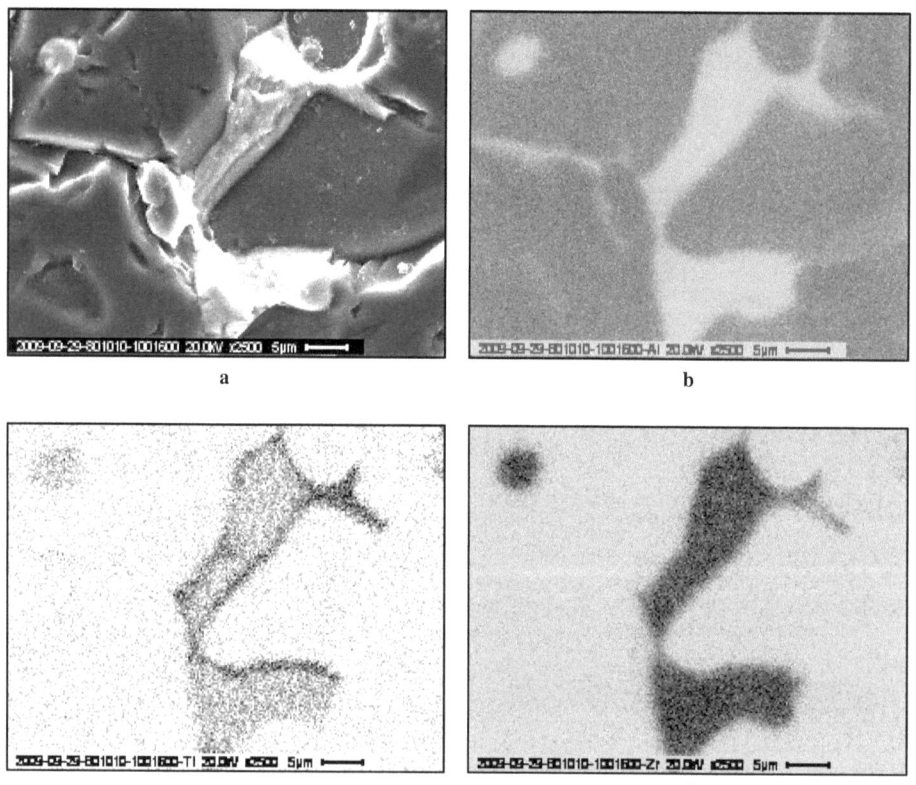

Abbildung 5.3-26: Elektronenmikroskopische Aufnahme von 80:10:10 100h 1600°C (a) und Elementverteilung von Aluminium (b), Titanium (c) und Zirkonium (d)

Zusätze bei einem Kristallwachstum des α-Al$_2$O$_3$ an der Korngrenze angereichert und es kommt zur Ausbildung einer Art Inselstruktur, in der sich eine ZrO$_2$-reiche Phase von einem TiO$_2$-reicheren Saum umgeben in den Zwickeln zwischen Korundkörnern befindet (Abbildung 5.3-24 bis Abbildung 5.3-26). Diese Trennung von ZrO$_2$ und TiO$_2$ kann mit der Bildung und anschließenden Zersetzung von Zirkoniumtitanaten mit verschiedenen TiO$_2$ zu ZrO$_2$ Verhältnissen erklärt werden. Aus dem Kapitel „Phasenanalyse" geht hervor, dass das bei 1400°C nachgewiesene Zr$_5$Ti$_7$O$_{24}$ bei einer Behandlungstemperatur von 1600°C nicht mehr auftritt, also in ZrTiO$_4$ übergeht. Bei diesem Übergang muss entweder ZrO$_2$ hinzukommen oder TiO$_2$ entfernt werden. Da ein titaniumreicher Saum gefunden wird und Ti^{4+}-Ionen bei weitem mobiler sind als Zr^{4+}-Ionen, ist der zweite Mechanismus anzunehmen. Dies führt im Weiteren zu Phasen mit unterschiedlichen Ausdehnungskoeffizienten und damit zu Rissen. Dabei ist anzunehmen, dass dieser Prozess in Abhängigkeit von der Zeit fortgesetzt wird und weiteres Ti^{4+} aus dem Zirkoniumtitanat austritt und damit am Ende

Abbildung 5.3-27: Elektronenmikroskopische Aufnahme einer dünnen Lamelle und anderer Ausscheidungen in 80:10:10 nach 55 h bei 1400°C

Abbildung 5.3-28: Elektronenmikroskopische Aufnahme der Reaktionsfront in 90:10:0 nach 100 h bei 1600°C

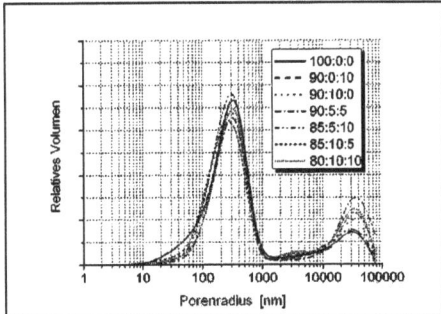

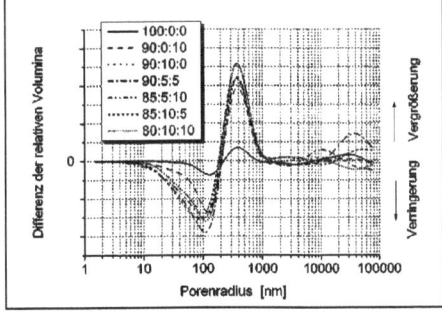

Abbildung 5.3-29: Verteilungskurven der offenen Porosität nach Behandlung 10h bei 1200°C

Abbildung 5.3-30: Verschiebung der Verteilungskurven von verspritzt nach 10h 1200°C

monoklines ZrO$_2$ übrigbleibt. Diese Tendenz konnte bereits in den Stäben beobachtet aus werden und gilt somit auch für über die Pulverroute hergestellte Materialien (vgl.Abbildung 4.4-3 und Abbildung 4.4-4). Ein ähnlicher Prozess der TiO$_2$-Freisetzung Zirkoniumtitanaten wird im gesinterten System Mg-PSZ mit TiO$_2$- und Al$_2$O$_3$-Zusätzen gefunden [232]. Dabei ist dieser Prozess umso eher abgeschlossen, je weniger TiO$_2$ im System vorhanden ist. In Abbildung 5.3-25 ist ein ZrO$_2$-reiches Teilchen erkennbar, das die für die Ausscheidungen von monoklinen Bereichen in ZrO$_2$ typische Zickzackstruktur aufweist. Diese Körner sind in ihrer näheren Umgebung immer mit Rissen verknüpft. Zwar kann die Bildung von Aluminiumtitanat über die Röntgenbeugung nur bei der Behandlungsstufe 1400°C nachgewiesen werden, sie ist aber aufgrund der beobachteten Kristallstrukturen und Elementkontraste ebenso für die Behandlungsstufe 1600°C anzunehmen. Beispiele für sehr wahrscheinlich aus Aluminiumtitanat bestehende Lamellen und Bereiche sind in Abbildung 5.3-27 (Mitte unterer Bildbereich) und Abbildung 5.3-28 (grauer Kontrast) dargestellt, wobei in Letzterem eine Reaktionsfront erkennbar ist. Da es Kontaktflächen sowohl des Aluminiumtitanat mit Al$_2$O$_3$ und TiO$_2$ als auch des Al$_2$O$_3$ mit TiO$_2$ gibt, ist offensichtlich die Keimbildung für das Wachstum des Aluminiumtitanates entscheidend. Ab einer bestimmten Temperatur kommt es in den TiO$_2$-haltigen Systemen zu einem Riesenkornwachstum, das die mechanischen Eigenschaften stark beeinflusst. Bezüglich der Verteilung der offenen Porosität sind nach der ersten Behandlungsstufe unterhalb von 10 µm zwischen den verschiedenen Zusammensetzungen keine signifikanten Unterschiede mehr vorhanden (Abbildung 5.3-29). Die Porengrößenverteilung verschiebt sich hin zu größeren Porendurchmessern, wie bei einem normalen Sinterprozess zu erwarten ist. Dabei erfolgen die größten Veränderungen in den TiO$_2$-haltigen Systemen, die geringsten im reinen Al$_2$O$_3$. Am stärksten verringert sich die offene Porosität im Bereich von 100 nm, am stärksten wächst sie im Bereich von 400 nm (Abbildung 5.3-30). Diese Entwicklung ist in Abbildung 5.3-30 dargestellt und spiegelt ein Öffnen der kleinsten Mikrorissklasse wider. Während der Behandlung bei 1600°C für 100 h setzt sich dieser Prozess fort und die Mikrorisse wachsen

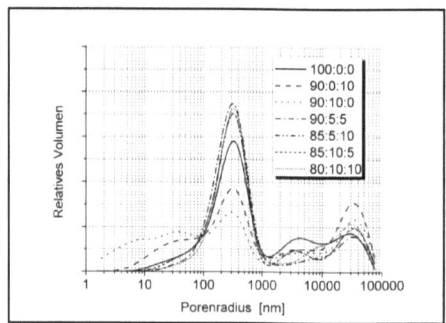
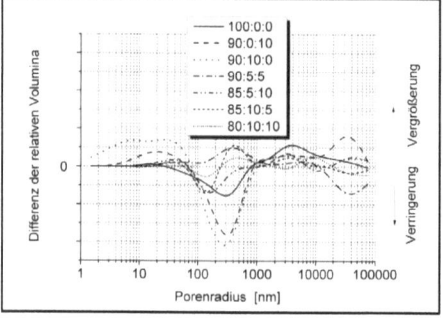

Abbildung 5.3-31: Verteilungskurven der offenen Porosität nach Behandlung 100h bei 1600°C

Abbildung 5.3-32: Verschiebung der Verteilungskurven von 10h 1200°C nach 100h 1600°C

leicht (Abbildung 5.3-31). Ebenso vergrößert sich der Anteil der Risse und Poren bei ca. 3 – 5 µm. Dies ist am stärksten in 100:0:0, jedoch nicht in 80:10:10 zu beobachten. Des Weiteren entstehtein sehr feiner Anteil unterhalb 70 nm in 90:0:10 und in 90:10:0. Dies könnte durch die neu entstandenen Mikrorisse aufgrund der Umwandlung von t-ZrO_2 in m-ZrO_2 bzw. durch den Zerfall von zuvor gebildetem β-Al_2TiO_5 beim Abkühlen (vgl. Kapitel „5.1.1 Phasenanalyse mittels Röntgenbeugung") verursacht werden [233]. Da in beiden Zusammensetzungen ein gleichzeitiger Abfall der Porosität bei 100 – 300 nm erfolgt, sind auch Prozesse, die zu einer Rissverkleinerung führen, als Ursache denkbar. Die absoluten Veränderungen der offenen Porosität nach Temperaturbehandlung sind in Tabelle 5.3-2 dargestellt. Da sehr kleine Proben verwendet wurden, sind die Messwerte auf 1 %-Punkt gerundet angegeben, ebenso wird die Rohdichte nur auf eine Nachkommastelle genau benannt. Integral betrachtet steigt die offene Porosität nach der ersten Behandlungsstufe an. Dies kann auf die mit einer Dichteerhöhung verbundene Umwandlung von γ-Al_2O_3 zu α-Al_2O_3 zurückgeführt werden. Nach der letzten Behandlungsstufe sinkt die offene Porosität mit Ausnahme der Zusammensetzung 85:5:10. Der Abfall wird sowohl vom Sinterprozess als auch von der Umwandlung des ZrO_2 in die monokline Modifikation und einer damit einhergehenden Gefügezerstörung bestimmt. Die Zusammensetzungen, welche nach der Behandlungsstufe 100 h bei 1600°C ihre mechanische Festigkeit vollständig verlieren (vgl.

Tabelle 5.3-2: Zusammenfassung offene Porosität

Probe	OP verspritzt [%]	OP 10 h 1200°C [%]	OP 100 h 1600°C [%]
100:00:00	10	11	6
90:00:10	7	10	6
90:10:00	9	9	4
90:05:05	7	10	8
85:05:10	7	8	9
85:10:05	7	8	4
80:10:10	7	9	9

Tabelle 5.3-3: Zusammenfassung Rohdichte

Probe	Rohdichte verspritzt [g/cm³]	Rohdichte 10 h 1200°C [g/cm³]	Rohdichte 100 h 1600°C [g/cm³]
100:00:00	3,2	3,3	3,6
90:00:10	3,4	3,6	3,7
90:10:00	3,2	3,4	3,6
90:05:05	3,3	3,4	3,7
85:05:10	3,4	3,4	3,7
85:10:05	3,3	3,6	3,5
80:10:10	3,3	3,6	3,9

Kapitel „5.4.1.2 Kennwerte im temperaturbehandelten Zustand"), zeichnen sich parallel dazu durch eine deutlich höhereoffene Porosität aus. Die Rohdichten (Tabelle 5.3-3) steigen mit jeder Behandlungsstufe an, wobei die generelle Tendenz erkennbar ist, dass der Anstieg umso stärker und eher stattfindet, je mehr TiO_2 im Verhältnis zum ZrO_2 enthalten ist. Für die absoluten Werte gilt, dass sich diese mit steigender Menge an Zusätzen immer weiter erhöhen. Die einzige Ausnahme bildet 85:10:5, hier fällt die Rohdichte nach der Behandlungsstufe 100 h bei 1600°C leicht ab.

5.4 Ergebnisse mechanische Eigenschaften
5.4.1 Ermittlung mechanischer Kennwerte aus der 3-Punkt-Biegung

Aus den Biegeversuchen werden neben der Biegefestigkeit σ auch Werte für den Biegemodul E und für die Randfaserdehnung ε errechnet und betrachtet, wobei der Biegemodul dem E-Modul und die Randfaserdehnung der Bruchdehnung äquivalent ist. [234-236]

Auf eine Betrachtung der Weibullstatistik wird hier verzichtet, weil diese nur für spröde dichte Werkstoffe anwendbar ist, in denen die Fehler nicht miteinander in Wechselwirkung stehen [237-239]. In thermisch gespritzten Schichten werden diese Bedingungen durch das Vorhandensein eines Mikrorissnetzwerkes nicht erfüllt. Die Festigkeit wird hier nicht durch den größten Fehler in einem bestimmten Volumen, sondern durch die Rissausbreitung und die Größe und Art einer damit verknüpften Prozesszone bestimmt.

5.4.1.1 Kennwerte im verspritzten Zustand

Für die folgenden dreidimensionalen Darstellungen wurde auf die Abbildung der Standardabweichungen zugunsten einer besseren Übersichtlichkeit der Diagramme verzichtet. Dabei liegen die Standardabweichungen hier in einem Bereich zwischen 5 und 15 Prozent der jeweiligen Messwerte und sind zusammen mit allen übrigen mechanischen Kennwerten in Tabelle 5.4-2 aufgeführt. Für den Biegemodul sind keine Standardabweichungen angegeben, diese sind aus den Beispieldiagrammen für die Momentanmoduli ersichtlich und liegen in einem Bereich von ungefähr ± 20 %. Im verspritzten Zustand ist im Vergleich zum reinen Al_2O_3 stets ein Festigkeitszuwachs festzustellen (vgl. Tabelle 5.4-1 und Abbildung 5.4-1). Dies kann mit dem besseren Schmelzverhalten und der geringeren Viskosität der Schmelze und mit der damit einhergehenden Erhöhung der Kontaktfläche der Lamellen begründet werden. Es erfolgt in den Zusammensetzungen 85:5:10 und 85:10:5 eine maximale Steigerung der Festigkeit von ca. 50 %. Danach ist eine Tendenz zum Abfallen der Festigkeit bei Überschreiten eines gewissen Anteils der Zusätze zum Al_2O_3 zu erkennen, im Konkreten bei der Zusammensetzung 80:10:10. Dies könnte mit dem Einfluss des steigenden amorphen Anteils zusammenhängen, der somit eine optimale Konzentration bezüglich hoher Festigkeitswerte hätte. Die Bruchdehnung im verspritzten Zustand ist für Keramiken relativ hoch und zeigt ausgehend vom reinen Al_2O_3 einen Abfall mit steigender Menge an Zusätzen, wobei TiO_2 einen stärkeren Einfluss als ZrO_2 hat (Abbildung 5.4-2). Dies kann ebenfalls mit dem stärkeren Zusammenhalt der Lamellen untereinander aufgrund des besseren Schmelzverhaltens und dem versprödenden Einfluss des mit gleicher Tendenz steigenden amorphen Anteils erklärt werden. Die hohe Bruchdehnung wird durch die vorgeprägten Risswege und damit durch die Effekte der Rissverzweigung und -umlenkung verursacht, die in amorphen Bereichen geringer werden. Ein Vergleich der Abbildung 5.3-4 bis Abbildung 5.3-10 untereinander und die Abbildung 5.3-17 im Kapitel „5.3.1 Mikrostruktur im verspritzten Zustand" verdeutlichen, dass in 80:10:10 eine andere Verteilung der Mikrorisse existiert als in den übrigen Zusammensetzungen. Das bedeutet zugleich, dass die Festigkeit ab einer bestimmten Dichte von Makrorissen abfällt. Der E-Modul zeigt kein lineares Verhalten (rein elastisch), sondern eine Abhängigkeit vom Grad der Beanspruchung. Deshalb wurde zu dessen Charakterisierung anstelle eines einzelnen Kennwertes die Darstellung des Momentanmoduls gewählt, der aus der Ableitung der

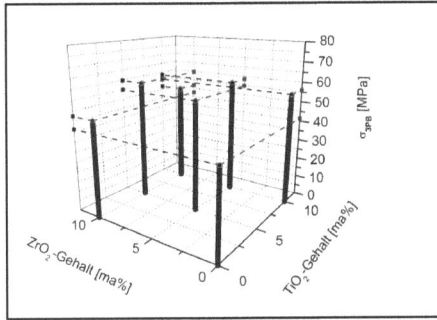

Abbildung 5.4-1: Festigkeitswerte im verspritzten Zustand

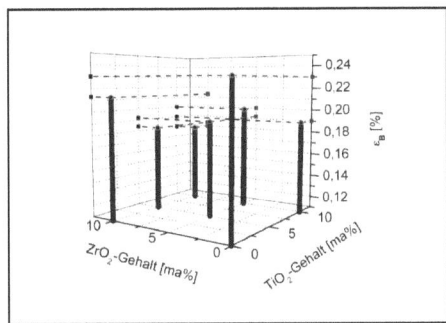

Abbildung 5.4-2: Bruchdehnungen im verspritzten Zustand

Tabelle 5.4-1: Qualität der Unterschiede zwischen den Festigkeitswerten im verspritzten Zustand bei Anwendung t-Test mit Signifikanzlevel 0,95; ✓ Unterschied vorhanden, ☒ kein Unterschied vorhanden

	90:0:10 48 MPa	90:10:0 56 MPa	90:5:5 55 MPa	85:5:10 60 MPa	85:10:5 59 MPa	80:10:10 52 MPa
100:0:0 41 MPa	✓	✓	✓	✓	✓	✓
90:0:10 48 MPa		✓	☒	☒	☒	☒
90:10:0 56 MPa			☒	✓	✓	☒
90:5:5 55 MPa				☒	☒	☒
85:5:10 60 MPa					☒	✓
85:10:5 59 MPa						✓

Spannungs-Durchbiegungs-Kurven gewonnen und für alle Einzelmessungen errechnet wird. Danach werden die Kurven auf eine Dehnung von 1 normiert und gemittelt. Bei einer relativen Dehnung von 0,2 und 0,8 werden die Momentanmoduli bestimmt und zur Beschreibung der Nichtlinearität der Kurve verwendet. Diese Punkte wurden so gewählt, dass Auflagerreaktionen zu Beginn der Kurve und Effekte beim Bruchvorgang am Ende die Kennwerte möglichst wenig beeinflussen. Zwei Beispiele sind in Abbildung 5.4-3 dargestellt. Während die dünnen Kurven einzelnen Messungen entsprechen, stellt die dicke Kurve das mathematische Mittel aus diesen dar. Hierbei sind die zwei Extremfälle abgebildet, die Verläufe der übrigen Mischungen liegen zwischen diesen, sowohl absolut als auch bezüglich des Quotienten des Momentanmoduls bei einer Dehnung von 0,8 und 0,2, d.h. des Nichtlinearitätskoeffizienten $E_{0,8/0,2}$. Die Zusätze von TiO_2 und ZrO_2 bewirken im verspritzten Zustand eine Verstärkung dieser Nichtlinearität hin zu Werten kleiner eins,

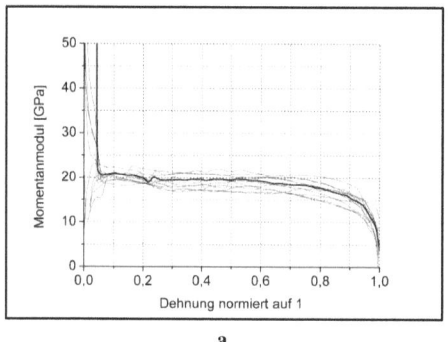
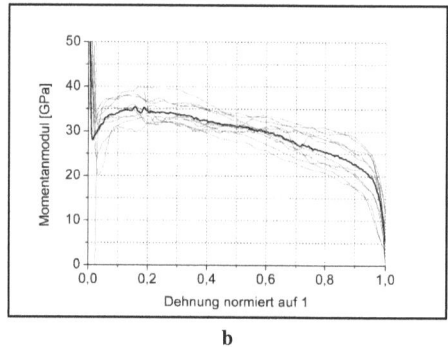

a b

Abbildung 5.4-3: Momentanmodulverlauf von 100:0:0 verspritzt (a) und 90:10:0 verspritzt (b) als Vertreter des Typ 1

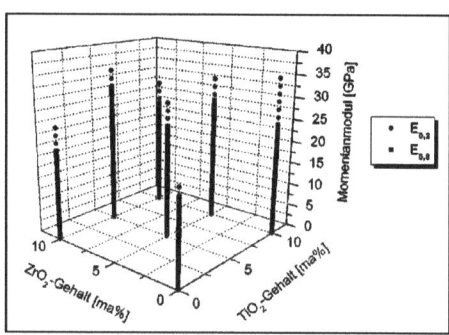

Abbildung 5.4-4: Momentanmoduli im verspritzten Zustand

wobei TiO_2 dabei eine stärkere Wirkung zeigt. Der Momentanmodul bei einer relativen Dehnung von 0,2 und 0,8 in Abhängigkeit der Zusammensetzung ist in Abbildung 5.4-4 dargestellt. Dabei kann die generelle Tendenz zum Abfall des Momentanmoduls bei steigender Beanspruchung damit erklärt werden, dass die Vorgänge der Rissverzweigung und des Risswachstums immer weiter fortschreiten und langsam zu einem „Erweichen" des Gefüges führen. Dabei wäre zu erwarten, dass rissstoppende Mechanismen dieses Verhalten beeinflussen sollten. Ein abfallender Momentanmodul bedeutet, dass die Effekte der Verzahnung und Rissstoppung mit steigender Dehnung aufgebraucht werden und ein Übergang zur Rissvereinigung und zu einer beginnenden Bildung von Makrorissen erfolgt. Die auf den Abbildungen der Mikrostruktur (vgl. Kapitel „5.3.1 Mikrostruktur im verspritzten Zustand") erkennbaren rissstoppenden Eigenschaften der amorphen Sublamellen sind, wenn überhaupt, nur bei geringen relativen Dehnungen wirksam. Bis auf einen schwachen, umgekehrt proportionalen Zusammenhang zwischen amorphem Anteil und Bruchdehnung scheint weder der gesamte noch der in Lamellenform auftretende amorphe Anteil noch die Differenz dieser beiden eine strenge Korrelation zu einem der hier bestimmten mechanischen Kennwerte zu besitzen. Ein Einfluss auf die Bruchzähigkeit und die Energiefreisetzungsrate ist nur zu vermuten.

5.4.1.2 Kennwerte im temperaturbehandelten Zustand

Im Vergleich zum verspritzten Zustand erfolgt bei allen Mischungen durch eine Temperaturbehandlung zuerst ein starker Anstieg der Festigkeiten. Dabei haben alle TiO_2-haltigen Mischungen ihr Festigkeitsmaximum bei einer Behandlungstemperatur von 1200°C. Ein gleicher Einfluss ist auf den E-Modul zu erkennen, wobei die Bruchdehnung zugleich auf ungefähr die Hälfte bis zwei Drittel des Wertes im verspritzten Zustand abfällt. Alle drei Effekte können auf die beginnende Sinterung und damit auf den besseren Zusammenhalt der Lamellen untereinander und der Kristallite innerhalb von Lamellen zurückgeführt werden. Dabei wirkt TiO_2 stark beschleunigend. Nach der ersten Behandlungsstufe verdreifacht bzw. vervierfacht sich der E-Modul bei 0,2 relativer Dehnung. Bei der Behandlungsstufe mit dem maximalen Wert erreicht er sogar das Fünf- bis Siebenfache des Ausgangszustandes.

Bei einem Vergleich der Mischung 90:0:10 mit reinem Aluminiumoxid ist der Einfluss der Umwandlung des $t-ZrO_2$ in die monokline Modifikation auf die Festigkeitswerte deutlich erkennbar. Dabei wurden die Gehalte aus der Rietveldanalyse betrachtet. In Abbildung 5.4-5 ist die Festigkeit in Abhängigkeit vom Anteil des $m-ZrO_2$ am ZrO_2-Gesamtanteil dargestellt. Mit steigender Behandlungs- zeit und -temperatur verschiebt sich dieses Verhältnis immer stärker in Richtung Eins. Zum Vergleich sind die bei gleicher Behandlung erhaltenen Festigkeitswerte von 100:0:0 in das Diagramm eingefügt, wobei die dargestellten Werte von links nach rechts bei einer Behandlung von 10h 1200°C, 100h 1200°C, 55h 1400°C, 10h 1600°C und 100h 1600°C gewonnen wurden. Dabei ist bei 1600°C ein sehr deutlicher Zeiteinflusses zu erkennen, der darauf hindeutet, dass sowohl

Tabelle 5.4-2: Zusammenfassung der ermittelten mechanischen Kennwerte

Probe	Behandlung	3-Punkt-Biegefestigkeit σ [MPa]	Bruchdehnung ε [‰]	$E_{0,2}$ [GPa]	$E_{0,8}$ [GPa]	$E_{0,2}/E_{0,8}$ [-]
100:00:00	verspritzt	41,3±2,8	2,30±0,20	20	18	0,9
	10 h 1200°C	98,0±8,0	1,28±0,18	73	73	1,0
	100 h 1200°C	89,3±14,1	1,22±0,13	73	71	1,0
	55 h 1400°C	96,8±10,1	0,90±0,10	112	118	1,1
	10 h 1600°C	40,6±20,8	0,99±0,16	118	130	1,1
	100 h 1600°C	144,1±24,6	0,83±0,09	147	170	1,2
90:00:10	verspritzt	47,5±3,5	2,13±0,17	25	20	0,8
	10 h 1200°C	86,8±8,3	1,20±0,09	71	69	1,0
	100 h 1200°C	97,7±8,6	1,21±0,06	78	80	1,0
	55 h 1400°C	152,4±19,5	1,12±0,13	126	135	1,1
	10 h 1600°C	164,5±21,9	1,01±0,08	147	159	1,1
	100 h 1600°C	-	-	-	-	-
90:10:00	verspritzt	55,9±4,1	1,90±0,12	35	25	0,7
	10 h 1200°C	127,1±10,2	0,90±0,11	122	135	1,1
	100 h 1200°C	115,0±20,0	0,72±0,06	142	159	1,1
	55 h 1400°C	101,6±8,8	0,54±0,07	175	195	1,1
	10 h 1600°C	73,3±12,3	0,43±0,03	144	165	1,2
	100 h 1600°C	44,7±7,5	0,33±0,06	135	123	0,9
90:05:05	verspritzt	54,8±4,3	1,92±0,15	30	25	0,8
	10 h 1200°C	130,9±13,0	0,97±0,09	125	135	1,1
	100 h 1200°C	146,9±12,4	0,86±0,10	145	170	1,2
	55 h 1400°C	40,4±3,8	0,54±0,04	82	55	0,7
	10 h 1600°C	19,5±2,5	0,26±0,12	63	30	0,5
	100 h 1600°C	-	-	-	-	-
85:05:10	verspritzt	59,6±6,3	1,84±0,14	35	31	0,9
	10 h 1200°C	145,7±7,8	1,19±0,10	113	123	1,1
	100 h 1200°C	152,7±8,5	1,04±0,09	123	141	1,2
	55 h 1400°C	32,9±4,4	0,56±0,11	90	30	0,3
	10 h 1600°C	-	-	-	-	-
	100 h 1600°C	-	-	-	-	-
85:10:05	verspritzt	58,5±4,2	2,00±0,14	33	28	0,9
	10 h 1200°C	161,9±13,1	1,06±0,09	135	151	1,1
	100 h 1200°C	145,9±12,2	0,82±0,06	150	172	1,2
	55 h 1400°C	19,0±1,1	1,37±0,27	26	6	0,2
	10 h 1600°C	56,4±4,5	0,41±0,06	105	125	1,2
	100 h 1600°C	48,4±6,1	0,36±0,08	135	122	0,9
80:10:10	verspritzt	51,7±3,5	1,80±0,18	30	25	0,8
	10 h 1200°C	140,7±9,6	1,06±0,11	120	130	1,1
	100 h 1200°C	145,9±16,4	0,82±0,09	152	175	1,2
	55 h 1400°C	17,4±1,6	1,20±0,46	23	6	0,3
	10 h 1600°C	-	-	-	-	-
	100 h 1600°C	-	-	-	-	-

das Einbringen von Mikrorissen durch bereits in die monokline Modifikation umgewandeltes Zirkonoxid als auch die Umwandlungsverstärkung einen deutlichen Einfluss auf die Festigkeit ausüben. Dieses Verhalten ist im Gegensatz zu den die Festigkeit bei 100:0:0 bestimmenden Effekten eindeutig auch zeitabhängig. Es gibt bei dem hier untersuchten Gesamtgehalt von ZrO_2 in der Al_2O_3-Matrix ein Plateau der Festigkeitswerte über einen Bereich des monoklinen Anteils von ca. 0,2 bis 0,6. Besonders bedeutsam dabei ist, dass es kritische Werte gibt, ab denen ein signifikanter Einfluss auf die Festigkeit im Vergleich zum reinen Al_2O_3 erkennbar ist. Wenn von den Ergebnissen der Elektronenbeugung ausgegangen wird, nach denen bereits nach der Behandlungsstufe 10 h bei 1200°C m-ZrO_2 vorhanden

Tabelle 5.4-3: Maximale Festigkeitssteigerung durch Temperaturbehandlung

Zusammensetzung Festigkeit verspritzt	Behandlungsstufe mit höchster Festigkeit	Festigkeitsanstieg auf
100:0:0 **41 MPa**	100h 1600°C **144 MPa**	349 %
90:0:10 **48 MPa**	10h 1600°C **165 MPa**	346 %
90:10:0 **56 MPa**	10h 1200°C **127 MPa**	227 %
90:5:5 **55 MPa**	100h 1200°C **147 MPa**	268 %
85:5:10 **60 MPa**	100h 1200°C **153 MPa**	256 %
85:10:5 **59 MPa**	10h 1200°C **162 MPa**	277 %
80:10:10 **52 MPa**	100h 1200°C **146 MPa**	282 %

Tabelle 5.4-4: Veränderung des E-Moduls und der Bruchdehnung nach Behandlung von 10 h bei 1200°C

Zusammensetzung $E_{0,2}/\epsilon_B$ verspritzt	$E_{0,2}$ nach 10h 1200°C	Anstieg von $E_{0,2}$ auf	ϵ_B nach 10h 1200°C	Abfall von ϵ_B auf
100:0:0 **20 GPa / 2,30 ‰**	73 GPa	365 %	1,28	56 %
90:0:10 **25 GPa / 2,13 ‰**	71 GPa	284 %	1,20	56 %
90:10:0 **35 GPa / 1,90 ‰**	122 GPa	348 %	0,90	47 %
90:5:5 **30 GPa / 1,92 ‰**	125 GPa	417 %	0,97	51 %
85:5:10 **35 GPa / 1,84 ‰**	113 GPa	323 %	1,19	65 %
85:10:5 **33 GPa / 2,00 ‰**	135 GPa	409 %	1,06	53 %
80:10:10 **30 GPa / 1,80 ‰**	120 GPa	400 %	1,06	59 %

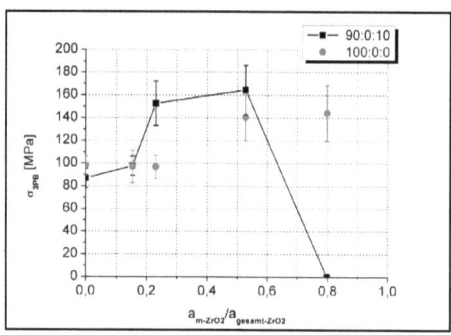

Abbildung 5.4-5: Abhängigkeit der Festigkeit von 90:0:10 vom Anteil des m-ZrO2

ist, dann gibt es auch hier eine kritische Größe dieser m-ZrO$_2$-Teilchen, ab der die Festigkeit stark beeinflussende Mikrorisse auftreten. Ab der Behandlungsstufe bei 1400°C ist ein signifikanter Anstieg der Festigkeit zu beobachten. Das bedeutet, dass zur Aktivierung des hier verantwortlichen Effektes für den hier untersuchten Zeitrahmen eine Temperatur größer 1200°C notwendig ist. Bei 1600°C tritt das Maximum der Festigkeit bei Behandlungsdauern kleiner 100 h auf. Danach kehrt sich die festigkeitssteigernde Wirkung in ihr komplettes Gegenteil um. Dies bedeutet, dass der zu große Anteil des sich in die monokline Modifikation umwandelnden ZrO$_2$ bzw. der zu stark wachsenden ZrO$_2$-Körner beim Abkühlen einen zu großen Volumensprung und damit eine zu große Rissdichte bewirkt, dabei das Gefüge zu sehr aufgelockert und der mechanische Zusammenhalt fast komplett zerstört wird. Die Festigkeit und deren Veränderung wird allgemein durch vier Effekte bestimmt: erstens durch Umwandlung von (wenn enthalten) ZrO$_2$ in die monokline Modifikation im Sinne einer Umwandlungsverstärkung; zweitens durch vorhandene Mikrorisse, die durch Phasen mit unterschiedlichen Ausdehnungskoeffizienten oder bereits in die monokline Form umgewandelte ZrO$_2$-Teilchen verursacht werden, drittens durch Sinterprozesse, die die vorhandene Lamellenstruktur und die Korngröße verändern und viertens, durch Partikelverstärkung. Die Abhängigkeiten der Biegefestigkeit von Behandlungstemperatur und -zeit sind in für alle untersuchten Mischungen in Abbildung 5.4-6 bis Abbildung 5.4-12 dargestellt. Bei einer oberflächlichen Betrachtung ergeben sich vier grundlegend verschiedene Verhaltensweisen der Mischungen, erstens ein zeitunabhängiges Ansteigen mit der Temperatur für 100:0:0, zweitens ein Auftreten eines Maximums der Festigkeit bei einer bestimmten Zeit-Temperatur-Kombination für 90:0:10, drittens ein konstantes, nahezu zeitunabhängiges Abfallen der Festigkeit bis auf null für 90:5:5, 85:5:10 und 80:10:10 und viertens ein Abfallen der Festigkeit, jedoch nicht auf null für 90:10:0 und 85:10:5 zu, wobei zeitunabhängig immer innerhalb des Bereiches der Behandlungszeiten von 10 bis 100 h bedeutet. Dabei kann davon ausgegangen werden, dass mit Ausnahme von 90:0:10 und 100:0:0 die Zeitabhängigkeit des Systems bei geringeren Zeiträumen liegt, d.h. dass sich der

Gleichgewichtszustand innerhalb von Zeiträumen kleiner 10 h einstellt. Dies ist auf die Wirkung des TiO_2 zurückzuführen, welches die Kinetik der die Eigenschaften bestimmenden Diffusions- und damit Sinter-, Phasenbildungs- und Umwandlungsprozesse im Vergleich zu TiO_2-freien Zusammensetzungen stark beschleunigt. Eine tiefgründigere Betrachtung lässt erkennen, dass der in 90:0:10 erkennbare Effekt der Umwandlung des freien ZrO_2 in die monokline Modifikation in allen ternären Mischungen auftritt, nur dass dieser bereits bei geringeren Temperaturen und Zeiten wirksam wird und wesentlich eher abgeschlossen ist. In 85:5:10, 90:5:5, 85:10:5 und 80:10:10 ist unterhalb 1400°C kein und oberhalb 1400°C ausschließlich monoklines ZrO_2 als reine ZrO_2-Phase zu finden. Dies beeinflusst auch hier die Festigkeit bzw. den Verlust dieser sehr stark. Wenn weniger ZrO_2 enthalten ist, wie in 85:10:5, welches noch zusätzlich in der Form von Zirkoniumtitanat gebunden ist, dann tritt bei kompletter Umwandlung des freien ZrO_2 in die monokline Form kein völliger Festigkeitsverlust auf. Bei 90:5:5 wiederum wird weniger ZrO_2 in Zirkonium

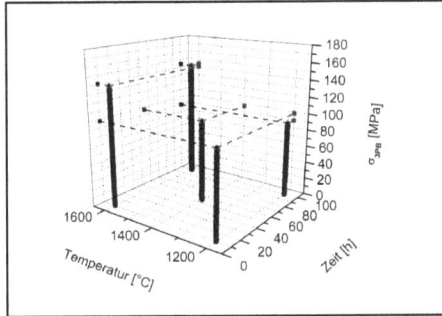

Abbildung 5.4-6: Entwicklung der Biegefestigkeit bei 100:0:0

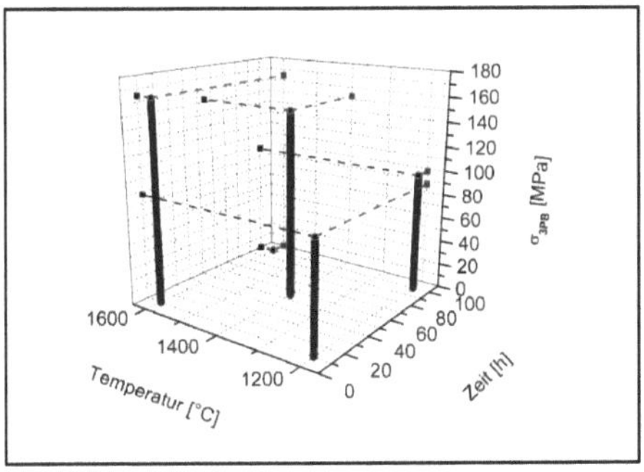

Abbildung 5.4-7: Entwicklung der Biegefestigkeit bei 90:0:10

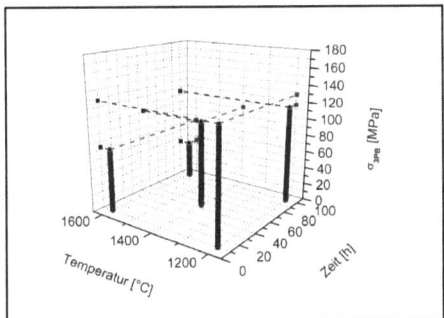
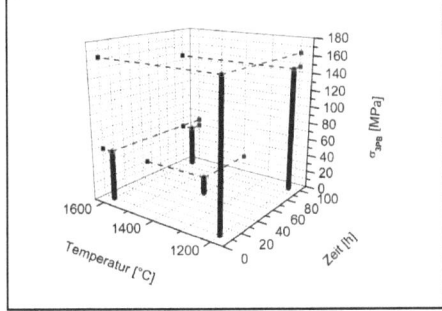

Abbildung 5.4-8: Entwicklung der Biegefestigkeit bei 90:10:0

Abbildung 5.4-9: Entwicklung der Biegefestigkeit bei 85:10:5

titanat gebunden. Hier kommt es zu einem kompletten Festigkeitsverlust. Von Belang ist also der Anteil an monoklinem ZrO_2 sowohl in Bezug auf die Gesamtzusammensetzung als auch in Bezug auf den gesamten ZrO_2-Anteil. Es soll an dieser Stelle auf die komplette Darstellung der Entwicklung der Momentanmoduli verzichtet werden, da die Werte in Tabelle 5.4-2 nachgelesen werden können. Der unterschiedliche Verlauf der einzelnen Momentanmoduli sei nur an einigen Beispielen dargelegt. Aus dieser Auflistung ist ersichtlich, dass der Nichtlinearitätsparameter nach einer Temperaturbehandlung zumeist Werte größer eins annimmt. Dieser kann für den Bereich kleiner eins als Maß für eine „Erweichung" und für den Bereich größer eins als Maß für eine Verspannung des Gefüges angesehen werden. Beide Effekte werden wiederum einerseits von der Art und Dichte der Mikrorisse und andererseits von deren Wachstumsverhalten und Wechselwirkungen untereinander bestimmt. Ein den absoluten Anstieg des E-Moduls mitbestimmender Effekt ergibt

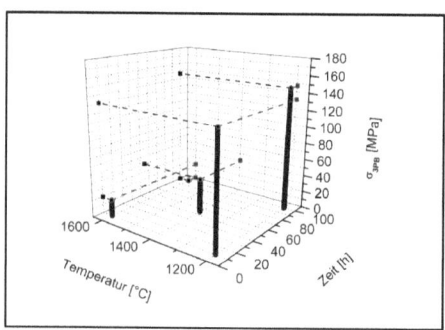
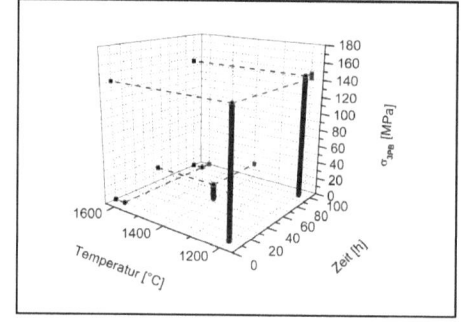

Abbildung 5.4-10: Entwicklung der Biegefestigkeit bei 90:5:5

Abbildung 5.4-11: Entwicklung der Biegefestigkeit bei 80:10:10

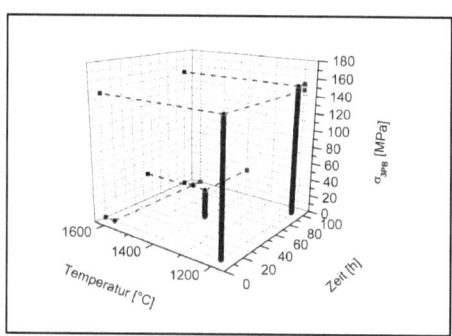

Abbildung 5.4-12: Entwicklung der Biegefestigkeit bei 85:5:10

sich aus der Phasenumwandlung des γ- zum α-Al$_2$O$_3$. Im reinen Material erhöht sich der E-Modul von ca. 240 GPa vor der Umwandlung auf 380 GPa nach der Umwandlung zum Korund [150, 155]. Dies beeinflusst aber nur die Unterschiede zwischen versprizt und der ersten Behandlungsstufe, da die Umwandlung in Korund nach dieser Behandlungsstufe fast vollständig abgeschlossen ist. In den folgenden Abbildungen ist ein Ansatz zur Klassifizierung der beobachteten Verläufe des Momentanmoduls dargestellt. Dieser ist notwendig, da noch weitere Details erkennbar sind, die mit dem Parameter E$_{0,8/0,2}$ nicht erfasst werden. Die in Abbildung 5.4-3 gezeigten Verläufe entsprechen dem damit definierten Typ 1. Hierbei tritt ein leichter konstanter Abfall des Momentanmoduls auf. Typ 2 (Abbildung 5.4-13) zeigt einen konstanten Wert über den größten Teil des Dehnungsgebietes. Bei Typ 3 (Abbildung 5.4-14) kommt es zu einemleichten konstanten Anstieg des Momentanmoduls während der Beanspruchung. Typ 4 (Abbildung 5.4-15) schließlich zeigt ein mehr oder weniger ausgeprägtes Maximum bei einem bestimmten Dehnungsniveau. Dies kann mit dem Beginn oder der Aktivierung eines mit der Beeinflussung von Makrorissen gekoppelten Prozesses verknüpft werden. Im Gegensatz zu den Typen 1 – 3 kommt es hier zu keinem scharfen Abfall bei Annäherung an eine relative Dehnung von 1. Die hier vorgestellte Klassifizierung richtet sich nach dem Verlauf und nicht nach der Höhe des Momentanmoduls. In Tabelle 5.4-5 sind die Zuordnungen des Typs für alle Proben gegeben. Dabei sind deutliche Unterschiede in der Geschwindigkeit des Übergangs vom Typ 1 im versprizten Zustand zu den darauffolgenden Typen erkennbar. Reines Al$_2$O$_3$ erreicht im hier untersuchten Zeit-Temperaturbereich nicht den Typ 4, wobei alle anderen Zusammensetzungen diesen früher oder später anstreben. In 90:0:10 ist Typ 4 schon nach der ersten Behandlungsstufe erreicht. Zugleich ist eine Tendenz zur Verschiebung des Maximums von Typ 4 zu höheren relativen Dehnungen bei höheren Behandlungsstufen erkennbar. Wenn die absolute Festigkeit (in Abhängigkeit der Behandlungsstufe) abzufallen beginnt,

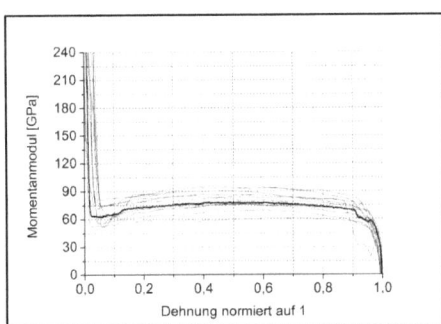 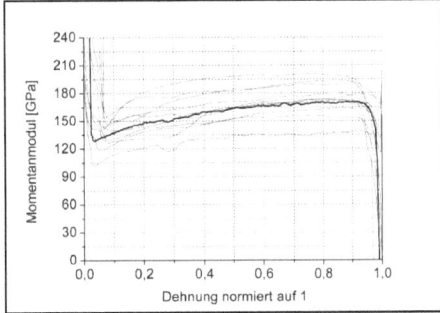

Abbildung 5.4-13: Verlauf des Momentanmoduls von Proben 100:0:0 behandelt für 10 h bei 1200°C als Vertreter des Typ 2

Abbildung 5.4-14: Verlauf des Momentanmoduls von Proben 100:0:0 behandelt für 100 h bei 1200°C als Vertreter des Typ 3

verschiebt sich dieses Maximum wieder zu niedrigeren Dehnungswerten und der absolute Wert des Momentanmoduls fällt stark ab. Eine Korrelation zur Mikrostruktur im Allgemeinen und zum Rissmuster im Speziellen besteht sehr wahrscheinlich darin, dass das Maximum mit einem für die dann einsetzende Bildung bzw. Verlängerung von Makrorissen kritischen Dehnungsniveau verknüpft ist. Dies kann auch eine Aktivierung der Umwandlungsverstärkung durch ZrO_2 bedeuten. Grundsätzlich betrachtet bedeutet ein Anstieg eine Versteifung des Gefüges, die mit der Rissstoppung und der Ausbildung einer Prozesszone zu erklären ist. Ein Abfall der Kurve bedeutet ein Erweichen des Gefüges aufgrund Rissvereinigung und Makrorissbildung. Wenn ein Maximum vorhanden ist (Typ 4), dann existiert ein kritisches Dehnungsniveau, bei dem ein Übergang zwischen diesen beiden Verhaltensweisen erfolgt. Das Auftreten dieses Maximums könnte als ein dem Konzept des K_{I0}-Wertes entsprechendes Kriterium angesehen werden, gälte hier aber nur für Makrorisse. Wenn sich die Dehnung der Bruchdehnung nähert, kommt es unabhängig vom Verlaufstyp zu einer die Probe zerstörenden Makrorissausbreitung. Diese ist bei Typ 4 weniger katastrophal als bei den übrigen Verlaufstypen. Da die Biegeversuche jedoch spannungsgesteuert durchgeführt wurden, ist eine Interpretation der Bereiche nahe einer relativen Dehnung von 1 nicht sinnvoll. Dafür wären Versuche mit weggesteuertem Biegevorgang durchzuführen. Aus den bisherigen Darlegungen kann geschlussfolgert werden, dass von den hier untersuchten Mischungen und Konzentrationsbereichen nur 100:0:0 und eventuell 85:10:5 für dauerhafte Temperaturbelastung von bis zu 1600°C geeignet zu sein scheint. Eine Verringerung der TiO_2- und ZrO_2 Gehalte ist für eine solche Anwendung ratsam, wobei die optimalen Konzentrationen und Verhältnisse gesondert zu ermitteln wären. Dabei sollten die Wechselwirkungen des TiO_2 mit dem ZrO_2 und dessen Umwandlung besondere Beachtung finden. Konkret heißt dies, die Menge des TiO_2 sollte so gewählt werden, dass damit die Bindung eines optimalen Anteils des ZrO_2 als Zirkoniumtitanat gewährleistet wird. Für eine Anwendung bei einem Temperaturniveau von 1200°C scheinen alle

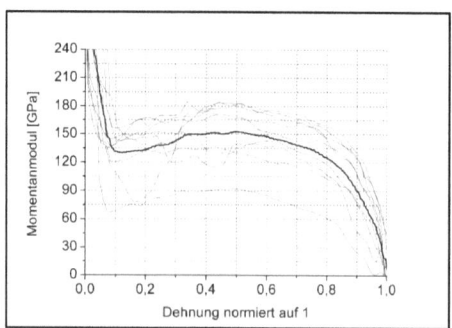

Abbildung 5.4-15: Verlauf des Momentanmoduls von Proben 85:10:5 behandelt für 100 h bei 1600°C als Vertreter des Typ 4 mit Maximum bei einer relativen Dehnung von 0,5

Mischungen geeignet zu sein. Um aber das Verhalten im Anwendungsfall abschließend beurteilen zu können, sollten die Behandlungszeiten um den Faktor 10 bis 100 erhöht werden. Für eine Anwendung bei niedrigeren Temperaturen stellt sich bei der Auswahl die

Tabelle 5.4-5: Zuordnung der Proben zu einem Typ des Momentanmodulverlaufs und Lage des Maximums

Probe	Behandlung	Typ des Momentan-modulverlaufs	Lage des Maximums bei Typ 4
100:00:00	verspritzt	1-2	-
	10 h 1200°C	2	-
	100 h 1200°C	2	-
	55 h 1400°C	2-3	-
	10 h 1600°C	3	-
	100 h 1600°C	3	-
90:00:10	verspritzt	1	-
	10 h 1200°C	4	0,4
	100 h 1200°C	4	0,5
	55 h 1400°C	3	-
	10 h 1600°C	4	0,8
	100 h 1600°C	-	-
90:10:00	verspritzt	1	-
	10 h 1200°C	3	-
	100 h 1200°C	3	-
	55 h 1400°C	3	-
	10 h 1600°C	3	-
	100 h 1600°C	4	0,4
90:05:05	verspritzt	1	-
	10 h 1200°C	3	-
	100 h 1200°C	3	-
	55 h 1400°C	4	0,4
	10 h 1600°C	4	0,5
	100 h 1600°C	-	-
85:05:10	verspritzt	1	-
	10 h 1200°C	4	0,5
	100 h 1200°C	4	0,8
	55 h 1400°C	4	<0,2
	10 h 1600°C	-	-
	100 h 1600°C	-	-
85:10:05	verspritzt	1	-
	10 h 1200°C	2-3	-
	100 h 1200°C	3	-
	55 h 1400°C	4	<0,2
	10 h 1600°C	4	0,7
	100 h 1600°C	4	0,5
80:10:10	verspritzt	1	-
	10 h 1200°C	3	-
	100 h 1200°C	4	0,8
	55 h 1400°C	4	0,3
	10 h 1600°C	-	-
	100 h 1600°C	-	-

grundlegende Frage, ob eine und wenn ja welche vorherige Temperaturbehandlung zur Eigenschaftseinstellung erfolgen kann.

5.4.2 Ausdehnungsverhalten

Das Ausdehnungsverhalten wurde an Proben bestimmt, die zuvor einer Temperaturbehandlung von 100 h bei 1600°C unterzogen wurden. Diese Vorgehensweise schließt weitestgehend die sich der thermischen Dehnung und der Phasenumwandlungsvorgänge überlagernden Schwindungseffekte durch Sinterung und Umwandlung metastabiler Phasen aus. Die Längenänderungs-Temperaturkurven sind in Abbildung 5.4-16 dargestellt. Dabei ergibt sich aus der 1. Ableitung dieser Kurve (Abbildung 5.4-17) der Ausdehnungskoeffizient. Daran wird deutlich, warum die mechanischen Festigkeiten in den Mischungen 90:0:10, 90:5:5, 85:5:10 und 80:10:10 nach einer bestimmten Temperaturbehandlungsstufe gegen Null gehen. Das Gefüge kann derart große Schwankungen im Ausdehnungskoeffizienten, die von einzelnen Bereichen in einer sich anders verhaltenden Matrix herrühren, einfach nicht unzerstört überstehen. Während von den Zusammensetzungen 100:0:0,

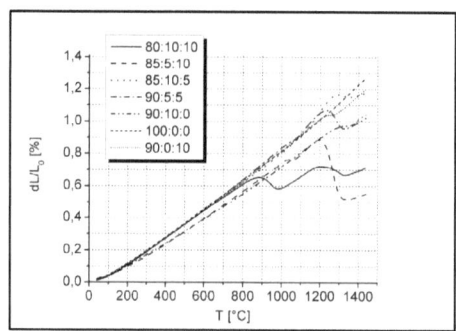

Abbildung 5.4-16: Längenänderung als Funktion der Temperatur

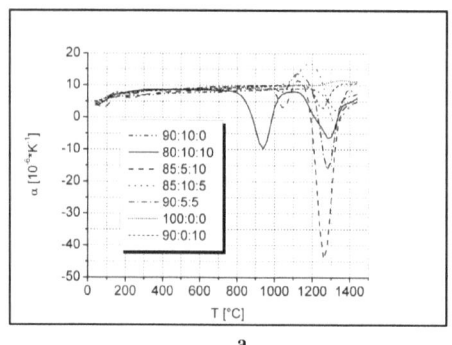 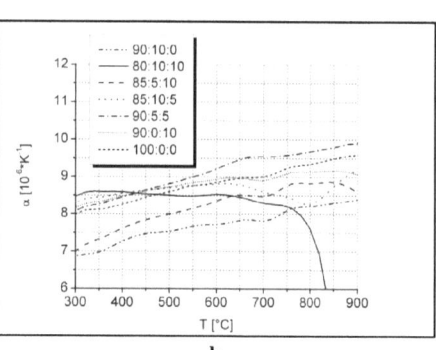

a   b

Abbildung 5.4-17: 1. Ableitung der Längenänderungskurve (a) und vergrößerter Ausschnitt daraus (b)

90:0:10, 90:5:5 und 85:10:5 im Bereich kleiner 1000°C für den Ausdehnungskoeffizienten für Al_2O_3-Werkstoffe typische Werte [20] erreicht werden, so sind diese für die Zusammensetzungen 90:10:0 und 85:5:10 etwas erniedrigt, was mit dem Vorhandensein von β-Al_2TiO_5 begründet werden könnte. In der Probe 80:10:10 kann der starke Abfall im Bereich zwischen 800 und 1000°C der Umwandlung des m-ZrO_2 in t-ZrO_2 zugeordnet werden. Im Vergleich dazu ist diese Umwandlung in den Proben 90:5:5 bzw. 85:5:10 erst ab 1000°C und in 90:0:10 sogar erst ab 1200°C zu erkennen. TiO_2 verschiebt also die Umwandlungstemperatur des ZrO_2 hin zu niedrigeren Werten. Dabei könnte das in allen ternären Zusammensetzungen ab ca. 1100°C auftretende Maximum mit sich daran anschließendem Minimum mit dem Ordnungs-Unordnungsübergang von $ZrTiO_4$ verbunden sein.

5.4.3 Thermoschockversuche an temperaturbehandelten Proben

Die Grundfragen, die sich in diesem Kapitel stellen, sind: Sind an solch dünnen Schichten Thermoschockversuche möglich? Und wenn ja: Sind signifikante Veränderungen der Festigkeit feststellbar? Nur bei einer oberflächlichen Betrachtung scheinen Thermoschockversuche an Proben mit sehr kleinen Volumina fragwürdig. Eine genauere Analyse ergibt jedoch, dass die Wechselwirkung zwischen Geometrie und der hier verwendeten Methode der Wasserabschreckung als bestimmender Faktor in diese Betrachtung unbedingt mit einbezogen werden muss. Die in dieser Arbeit untersuchten streifenförmigen Proben zeichnen sich durch eine Breite von ca. 1 cm und eine Dicke von ca. 0,5 mm aus. Beim Eintauchen der Probe in das Abschreckmedium, was im Idealfall parallel zur Längsachse geschieht, zieht sich der schon abgekühlte Teil der Probe zusammen und am Übergang zum noch nicht abgekühlten Bereich bildet sich eine Spannungszone aus. Dabei steht der kühlere Bereich bis zum vollständigen Temperaturausgleich der Probe unter Zugspannungen, der benachbarte wärmere Bereich hingegen unter Druckspannungen. Diese Welle aus aufeinanderfolgender Zug- und Druckspannung bewegt sich synchron mit dem Eintauchvorgang durch die gesamte Probe hindurch. Dabei ist die Höhe der Spannungen hauptsächlich von der Breite dieser Wellenfront abhängig. Beim senkrechten Eintauchvorgang entspricht diese der Probenbreite, so dass eine sorgfältige Durchführung der Versuche die Streuung der Messwerte verringern kann. Das geringe Probenvolumen bewirkt einen weiteren Effekt, der ebenfalls in der Versuchsdurchführung zu beachten ist. Durch das hohe Oberflächen-Volumenverhältnis wird die Probentemperatur bei höheren Temperaturen immer stärker durch die Abstrahlung von Energie und dem damit verbundenen Wärmeverlust beeinflusst. Um den Einfluss der Zeit zwischen Entnahme der Proben aus dem Ofen und dem Eintauchen ins Wasserbad zu minimieren bzw. konstant zu halten, wurde eine aus dem Ofen herausnehmbare Muffel verwendet (Abbildung 5.4-18), aus der die Proben direkt in das Wasserbad geschüttet wurden. Damit wurde zugleich ein kontrolliertes senkrechtes Eintauchen der Proben gewährleistet. Darüber hinaus bewirkt das hohe Oberflächen-Volumen-Verhältnis der Probe, dass Siedeeffekte, die die Wärmeübertragung ab einer bestimmten Temperatur beeinflussen, durch die geringe absolute Wärmemenge und die große Kontaktfläche minimiert werden.

An dieser Stelle soll noch einmal auf die in den Kapiteln „3.3.2 Bruchmechanische Aspekte" und „3.3.3 Konsequenzen für Thermoschock" diskutierte Frage nach dem Einfluss des R-Kurvenverhaltens Bezug genommen werden. Der Thermoschock bedeutet eine dynamische Belastung mit komplexen Spannungsfeldern und führt damit zu einer grundsätzlich anderen Beanspruchung der Probe, als in den quasistatischen (und kontrolliert im Bereich unterkritischen Risswachstums!) Experimenten zur Bestimmung der R-Kurven [240]. Nach Referenz [99] existieren in thermisch gespritzten Schichten bei verschiedenen ΔT unterschiedliche Versagensmuster der Proben. Höhere ΔT bei dickeren Schichten (Röhren) führen zu einem feineren Rissmuster und einem geringerem Festigkeitsabfall, als der beim Auftreten von größeren Rissen beobachtete [79, 241]. Dies deutet auf einen Einfluss der Dynamik der Belastung hin, der bei Thermoschockversuchen signifikant ist. Eine unterschiedliche Beanspruchung führt also sehr wahrscheinlich auch zu Unterschieden im Rissmuster. Des Weiteren stellt sich bei Verwendung dünner Proben die Frage nach der Größe der Prozesszone. Ist diese eventuell größer als die Probendicke? Dies hätte beim Unterschreiten einer kritischen Probendimension eine Verringerung der Thermoschockbeständigkeit zur Folge [173]. Dabei gibt es drei Mechanismen, die die Größe dieser Prozesszone bestimmen. Dies sind jeweils die Wechselwirkungen des Makrorisses mit den vorhandenen Mikrorissen, mit den vorhandenen Körnern bzw. Lamellen und dem umwandlungsfähigen Anteil des t-ZrO_2. Diese Wechselwirkungen beeinflussen sich auch gegenseitig, da sie alle auf das Spannungsfeld einwirken und gleichzeitig auch von diesem beeinflusst werden [242]. Da die Größe der Prozesszone im Bereich von 3 µm [243] bis einige 10 – 100 µm [130, 159, 181, 190, 244, 245] liegen kann, ist ein solcher Einfluss bei den hier verwendeten Proben nicht ausgeschlossen. Dabei spielt auch die Verteilung der Spannung relativ zur Probe und damit die Richtung der Rissausbreitung eine wichtige Rolle. Die Überlegung, dass ein ausgeprägtes R-Kurvenverhalten mit einer guten Thermoschockbeständigkeit verknüpft sein sollte, folgte aus Untersuchungen von gesinterten monolithischen Keramiken [185, 190, 246-248]. Ebenso scheint es logisch, dass es gut für die Thermoschockbeständigkeit sein sollte, wenn Risse leicht zu initiieren, aber schwer zu verlängern sind. Dies würde zu einer verstärkten Tendenz der Rissverzweigung führen. Wenn im Gefüge bereits eine gewisse Verteilung an Mikrorissen vorhanden ist, dann befindet sich die Mikrostruktur bezüglich der Mikrorisse bereits in einem Zustand, der sich erst während des Durchlaufens einer R-Kurve einstellen würde. Das R-Kurvenverhalten an sich hätte somit einen geringen Einfluss auf die Makrorissausbreitung und damit auf das Thermoschockverhalten. Nach Referenz [159] befinden sich Rissprozesse in thermisch gespritzten und temperaturbehandelten Proben bei Thermoschockbeanspruchung in einem Bereich, der dem Bereich der R-Kurve bei längeren Rissen entspricht. Dabei ist die Festigkeit thermisch gespritzter Materialien vor allem von der Bruchzähigkeit abhängig. Demzufolge sollte der absolute Wert der (Plateau)Bruchzähigkeit den stärkeren Einfluss auf die Thermoschockbeständigkeit haben. Dieser liegt für thermisch gespritzte Schichten des Systems Al_2O_3-TiO_2 im Bereich von 1 – 2 $MPa \cdot m^{-1/2}$. Beim Einsatz von Nanopulvern werden auch Werte größer 10 $MPa \cdot m^{-1/2}$ angegeben (vgl. Tabelle 7-1). Nach einer Temperaturbehandlung nähern sich diese Werte denen von gesinterter Keramik an und liegen im Bereich von 4 – 5 $MPa \cdot m^{-1/2}$. Dabei ist die Temperaturbehandlung jedoch so gewählt, dass die ursprüngliche Lamellenstruktur noch zu erkennen ist und die mechanischen Eigenschaften bestimmt. Dies bedeutet auch, dass eventuelle nanoskalige Ausscheidungen einen starken Effekt auf das Thermoschockverhalten zeigen sollten [98, 99]. Obwohl die Frage nach dem Einfluss des R-Kurvenverhaltens auf den Thermoschock nicht abschließend beurteilbar ist, lassen die angestellten Überlegungen jedoch den Schluss zu, dass dieser Einfluss in seiner Auswirkung anderen Effekten, wie z.B. dem geringeren E-Modul untergeordnet ist.

Die hier dargestellten Thermoschockversuche wurden an einigen der zuvor ausführlich untersuchten Zusammensetzungen nach einer Temperaturbehandlung von 10 h bei 1200°C durchgeführt. Die Motivation, gesinterte Schichten zu untersuchen, besteht darin, den Einfluss einer Temperaturbehandlung auf Phasenumwandlung und Sinterung durch das Aufheizen während der Thermoschockversuche zu minimieren. Dabei würde der Temperaturbereich der Kristallisation des amorphen Anteils innerhalb des Versuchsrahmens liegen und eine weitere Überlagerung von Effekten bewirken. Zugleich können so Auswirkungen eventueller Ausscheidungen deutlich erfasst werden, wobei sich zeigt, dass sowohl signifikante Festigkeitsverluste als auch signifikante Unterschiede zwischen den Zusammensetzungen auftreten. Die gemessenen Restfestigkeiten in Abhängigkeit der Temperaturdifferenz sind in Abbildung 5.4-19 dargestellt. Dabei treten Unterschiede zwischen den verschiedenen Zusammensetzungen nur bei der Ausgangsfestigkeit und bei einem ΔT von 600 K auf. Bei einem ΔT von 1000 K zeigen alle Proben einen Abfall auf den gleichen niedrigen Wert, wobei es in ZrO_2-freien Zusammensetzungen generell zu einem zeitigeren Abfall der Festigkeit kommt und der TiO_2-Anteil nochmal eine Verschlechterung im Vergleich zu 100:0:0 zu erbringen scheint. Dies lässt den Schluss zu, dass für die Thermoschockbeständigkeit entweder eine Umwandlungsverstärkung oder der Einfluss von Ausscheidungen von ZrO_2 bzw. $ZrTiO_4$ von Vorteil ist. Eine kritische Temperaturdifferenz scheint für die Zusammensetzungen 100:0:0 und 90:0:10 zu existieren, wobei diese für 90:0:10 wesentlich größer ist als für 100:0:0. In den übrigen Zusammensetzungen kommt es zu einem kontinuierlichen Abfall der Festigkeit. Eine Erklärung dafür wäre, dass die Prozesszone in den Zusammensetzungen 100:0:0 und 90:0:10 ab einem kritischen ΔT größer als die Probendicke wird und dass damit die den Rissfortschritt hemmenden Mechanismen im Vergleich zu der für eine Ausbreitung zur Verfügung stehenden Energie sprunghaft schwächer werden. Im Gegensatz zu den übrigen Zusammensetzungen ist die lamellare Struktur in 100:0:0 und 90:0:10 noch deutlich ausgeprägt. Daraus lässt sich schließen, dass eine noch vorhandene Lamellenstruktur weniger Einfluss auf die Thermoschockbeständigkeit hat als durch Ausscheidungen oder eine Umwandlungsverstärkung verursachte Effekte. Das Zusammenfinden aller Zusammensetzungen bei einer Temperaturdifferenz von 1000 K auf einem gleichen, sehr niedrigen Festigkeitsniveau, das aber dennoch ungleich Null ist, bedeutet, dass die Makrorisse zwar stabil wachsen, aber bei genügend großem Fortschreiten die Dimension der Probendicke erreichen und die Festigkeit signifikant verringern. Für die Restfestigkeit ist dann nur noch eine rein mechanische Verklammerung ausschlaggebend, die offensichtlich für alle Zusammensetzungen ähnlich ist. Aus dieser Restfestigkeit lässt sich der ungefähre Beitrag abschätzen, den der Mechanismus der Rissüberbrückung zur Festigkeit leistet. Möglicherweise ist eine Verknüpfung mit der in Kapitel „5.4.1 Ermittlung mechanischer Kennwerte aus der 3-Punkt-Biegung" aufgestellten Klassifizierung der Momentanmodulverläufe für ein ΔT von 600 K erkennbar. Zusammensetzungen, die den Typen 3 und 4 entsprechen, liegen tendenziell bei höheren Festigkeitswerten und zeigen einen geringeren Abfall der Festigkeiten als Proben des Typs 2. Demzufolge ist ein Anstieg des Momentanmoduls bei kleinen Dehnungswerten günstiger für das Thermoschockverhalten als ein konstanter Momentanmodul. Es lässt sich ableiten, dass diese Verspannung der Probe durch eine Verstärkung der Prozesse der Rissstoppung und -verzweigung verursacht und damit das Wachstum von Makrorissen vermindert wird. Aufgrund der aus der Literatur bekannten Tatsache, dass thermisch gespritzte Schichten im verspritzten Zustand eine exzellente Thermoschockbeständigkeit aufweisen, sollte auch eine abfallende Tendenz des Momentanmoduls, d.h. Typ 1, positiv für die Thermoschockbeständigkeit sein. Des Weiteren ist kein Einfluss des Nichtlinearitätskoeffizienten $E_{0,8/0,2}$ auf das Thermoschockverhalten der hier untersuchten Proben zu erkennen.

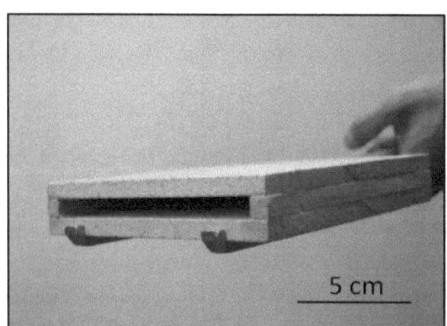

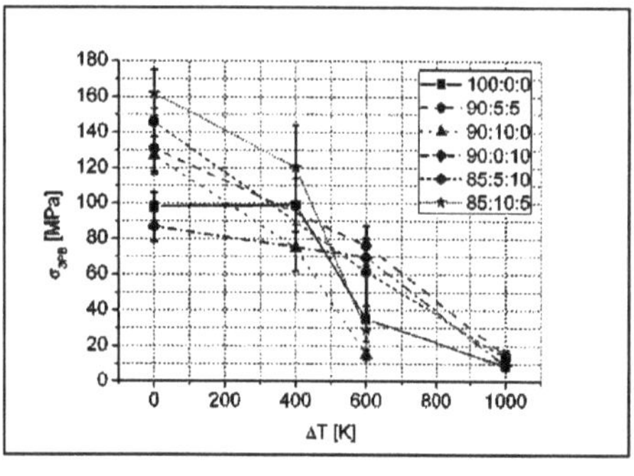

Abbildung 5.4-18: Herausnehmbare Muffel für Thermoschockversuche an kleinen Proben

Abbildung 5.4-19: Thermoschockverhalten nach einer Temperaturbehandlung von 10 h bei 1200°C

6 Ausblick

Nachfolgend werden einige Ergebnisse von Nebenrichtungen und Ideen diskutiert, die sich im Zusammenhang mit den Versuchen zu dieser Arbeit ergaben und die eine Basis für zukünftige Arbeiten darstellen könnten.

6.1 Durchgeführte Versuche in Nebenrichtungen

Während der Ideenfindungsphase und den Überlegungen hinsichtlich des späteren Hauptthemas ergaben sich einige interessante Ansätze, die aus Zeitgründen nicht in eigenständige Untersuchungen oder Projekte überführt werden konnten und daher nach einem einigen Vorversuchen eingestellt wurden. Dennoch stehen sie in engem Zusammenhang mit den Kernthemen dieser Arbeit und sollen deshalb kurz dargestellt werden. Möglicherweise können diese Ideen erneut aufgegriffen werden. Schließlich folgt aus der entwickelten Methode der Stabherstellung auch, dass prinzipiell alle sinterbaren Materialien für derartige Versuche zur Verfügung stehen. Die zusätzlich zu den schon in Tabelle 4.4-1 dargestellten verwendeten Rohstoffe, sind in Tabelle 6.1-1 aufgelistet.

6.1.1 Phasensynthese am Beispiel β-Al$_2$O$_3$

Die effektiv stattfindende Synthese von Phasen durch den Flammspritzprozess wurde schon im Kapitel „4.5 Phasengehalte an Modellmischungen" anhand der Phasen β-Al$_2$TiO$_5$

Tabelle 6.1-1: Rohstoffe für Versuche in Nebenrichtungen

Phase	Bezeichnung/ Hersteller	Bemerkungen
MgO	Schmelz-MgO-Mehl Refratechnik	d_{50}=25 µm Reinheit 97%
NaAlO$_2$	RdH13404 BK Giulini	Molverhältnis Na:Al = 1,28 Reinheit 98 %

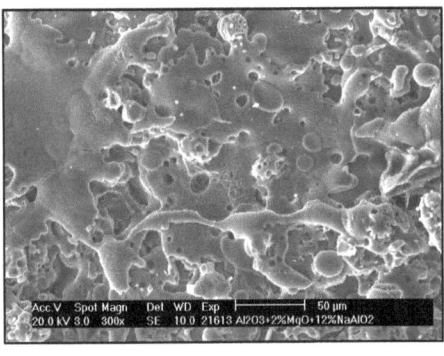 

a b
Abbildung 6.1-1: Oberfläche Spritzschicht Al$_2$O$_3$+MgO+NaAlO$_2$ (a) und Detailausschnitt aus a (b)

und $ZrTiO_4$ diskutiert und dieser Gedanke wurde nunmehr auf die Phase $\beta\text{-}Al_2O_3$ angewendet. Reines Al_2O_3 ist für Anwendungen in heißen natriumhaltigen Umgebungen nur bedingt geeignet, da es zur Bildung von $\beta\text{-}Al_2O_3$ kommt. Diese ist mit einer Volumendehnung und damit zumeist mit einem starken Anstieg der Korrosion von Bauteilen verbunden [20, 249, 250]. Wenn jedoch $\beta\text{-}Al_2O_3$ bereits im Material vorhanden ist, wird dieser Effekt stark verringert. Darüber hinaus ist aus der Literatur bekannt, dass sich $\beta\text{-}Al_2O_3$ über die sogenannte Plasmasynthese herstellen lässt, die dem Prozess des thermischen Spritzens recht nahe kommt [251, 252].

Es wurden bereits gesinterte Al_2O_3-Stäbe mit einer Dotierung von 2 ma.% MgO verwendet, die mit einer hochkonzentrierten Lösung aus Natriumaluminat infiltriert und anschließend getrocknet wurden. Das MgO wirkt als Stabilisator für die $\beta\text{-}Al_2O_3$-Phase [253, 254]. Da die gesinterten Stäbe eine offene Porosität von ca. 25 % besitzen, kann eine ausreichende Menge an Natriumträger eingebracht werden. Nach dem Verspritzen eines Stabes mit einem Gehalt an $NaAlO_2$ von ca. 12 ma.% sind die Phasen $\gamma\text{-}Al_2O_3$, $NaAl_{11}O_{17}$, Spuren von Korund und ein stark ausgeprägter amorpher Anteil in der Schicht vorhanden. In Abbildung 6.1-1 a und b ist die Oberfläche einer solchen Schicht mit für $\beta\text{-}Al_2O_3$ typischen nadelförmigen Kristallen dargestellt. Nach einer Temperaturbehandlung der gespritzten Probe für 1 h bei 1300°C werden anhand der Rietveldanalyse des Röntgenbeugungsdiagrammes ca. 10 ma.% Korund, 50 ma.% $NaAl_{11}O_{17}$ und 40 ma.% $Na_2Al_{10}MgO_{17}$ gefunden. Dabei stammen die natriumhaltigen Phasen sehr wahrscheinlich aus dem amorphen Anteil. Es steht also eine einfache Methode, gegen Alkalikorrosion im Vergleich zu reinem Al_2O_3 potentiell beständigere Schichten zu erhalten zur Verfügung.

6.1.2 Erzeugung metastabiler Mischungen

Die gute Durchmischung von oxidischen Komponenten im flüssigen Zustand mit anschließender Abschreckung kann neben der Phasensynthese auch zur gezielten Erzeugung von metastabilen Zuständen genutzt werden. Die zwei hier präsentierten Beispiele betreffen das System ZrO_2-MgO und Al_2O_3-ZrO_2, wobei es nur innerhalb des ersteren überhaupt thermodynamisch stabile Verbindungen gibt und dies auch nur oberhalb 1400°C [255].

Im Rahmen des Versuches wurden aus monoklinem ZrO_2 und 3,5 ma.% MgO zusammengesetzte Stäbe (Rohstoffe siehe Tabelle 4.4-1 und Tabelle 6.1-1) hergestellt und in Wasser verspritzt. Das so gewonnene Pulver zeigt im Röntgenbeugungsdiagramm keine Spuren von monkliner Phase und besteht zu 55 ma.% aus kubischem und zu 45 ma.% aus tetragonalem ZrO_2. Die orthorhombische Phase kann nicht nachgewiesen werden. Ebenso wenig sind in diesem System die für Y_2O_3-stabilisiertes ZrO_2 beschriebenen metastabilen Phasen c´- oder t´-ZrO_2 vorhanden (vgl. Kapitel „3.1.2 Besonderheiten der Phasenausbildung beim thermischen Spritzen"). Das Diffraktogramm der versprizten Mischung ist in Abbildung 6.1-2 dargestellt. Ein Einsatz in Anwendungen, die auf einen möglichst großen Anteil an umwandlungsfähigen ZrO_2-Phasen angewiesen sind, wäre somit denkbar, ebenso das Erreichen einer Mischstabilisierung unter Verwendung mehrerer der bekannten Stabilisatoren wie CaO, CeO oder Y_2O_3.

Auf gleiche Art wurden Pulver aus Stäben der Zusammensetzung 90:0:10 und 80:0:20 gewonnen und anschließend gesintert. Bei Temperatureinwirkung scheidet sich das ZrO_2 aus der Al_2O_3-reichen Matrix aus. Somit eröffnet sich eine Möglichkeit zur Herstellung von Dispersionskeramiken. Die ZrO_2-Ausscheidungen versuchen die Grenzfläche mit der Al_2O_3-Matrix zu minimieren und nehmen, wenn sie innerhalb eines Al_2O_3-Korns liegen, eine ellipsoide Form an (Abbildung 6.1-3). Im Anschliff ist noch die ursprüngliche Form der erstarrte Tropfen zu erkennen. Darin gibt es zwei verschiedene Größenklassen von Ausscheidungen (Abbildung 6.1-4). Eine Auswirkung der Ausscheidung von ZrO_2 auf die durch die Umwandlung von γ- zu α-Al_2O_3 entstehende Porosität im Sinne einer Verringerung dieser bleibt noch zu ermitteln, ist aber wahrscheinlich. Die Art der hier beobachteten Ausscheidung ist in diesen Zusammensetzungen auch für die Schichten beobachtet worden.

Somit können Dispersionskeramiken mit Submikrometergefüge bei Einsatz von wesentlich gröberen Ausgangsmaterialien erhalten werden [56, 102, 114, 222].

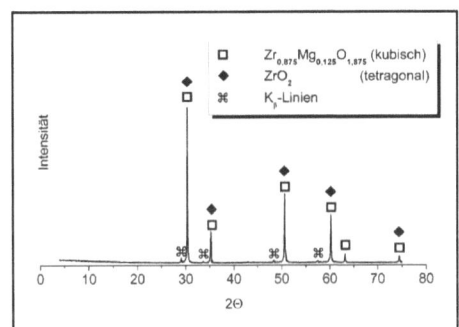

Abbildung 6.1-2: Diffraktogramm von ZrO_2 + 3,5 ma.% MgO im versspritzten Zustand

Abbildung 6.1-3: ZrO_2-Ausscheidung in 80:0:20-Pulver gesintert für 1h bei 1675°C

Abbildung 6.1-4: ZrO_2-Ausscheidung in 90:0:10-Pulver gesintert für 2h bei 1600°C

6.1.3 Schichten aus Hydroxylapatit

Es ist möglich, Stäbe aus Hydroxylapatit herzustellen und zu verspritzen. Die Details dieser Arbeiten sind in Referenz [256] veröffentlicht.

6.2 Zukünftige Arbeitsgebiete

Das Stabflammspritzen kann als Schritt zur Pulverkonvektionierung für andere Verfahren des thermischen Spritzens, bei denen Pulver eingesetzt wird, verwendet werden. Dadurch können Pulver mit einer schon angepassten Teilchengrößenverteilung erhalten werden. Grundsätzlich können dabei Zusätze mit sehr geringen Mengenanteilen optimal homogenisiert werden. Ein Beispiel dafür wäre mischstabilisiertes ZrO_2 oder mit verschiedenen Dotierungen versehenes $BaTiO_3$. Ebenso können die in Kapitel „6.1.2 Erzeugung metastabiler Mischungen" vorgestellten Effekte durch eine Temperaturbehandlung zur Entstehung von nanoskaligen Phasen genutzt werden.

Bei Einsatz von Pulvern im thermischen Spritzen ist es denkbar, einen gewissen Anteil an Glaspulver zu verwenden. Dadurch entstehen amorphe Zwischenschichten, die auch nach einer Temperaturbehandlung noch amorph sind und verbesserte Haftung, höhere Festigkeit und geringere Porosität ermöglichen [99]. Bei Temperaturen, die im Bereich der Erweichungstemperatur der Glasphase liegen, können diese zu einer Erhöhung der Festigkeit und der Thermoschockbeständigkeit beitragen, da Spannungen an Rissspitzen abgebaut werden und kleine Risse ausheilen können [22]. Somit liegen potentielle Anwendungen der hier beschriebenen Systeme bei temperaturbelasteten Bauteilen beispielsweise in Gasturbinen.

Da die Porosität einen starken Einfluss auf die thermische Leitfähigkeit hat, ist es denkbar, diese über Zusätze zu steuern, die entweder die Gaslöslichkeit beeinflussen oder die beim Schmelzen selbst Gase freisetzen. Beispiele dafür wären Nitride oder Oxynitride. Die Entstehung von Oxynitriden bei Verwendung von Stickstoff als Schutzgas im Spritzprozess wäre ein weiteres interessantes Forschungsgebiet. Dabei ist eine Wechselwirkung im System Al_2O_3 zu erwarten, da die Phase Al_5O_6N eine fast identische Kristallstruktur wie das beim schnellen Abkühlen entstehende γ-Al_2O_3 aufweist. Ebenso wäre es interessant, Verbindungen der Klasse der M-Al-O-N mit M=Si, Ti, Zr,... mit dem thermischen Spritzen zu verarbeiten.

Eine denkbare Erweiterung des thermischen Spritzprozesses mit. einer Nachbehandlung von Schichten ist die Kombination mit einem Laserprozess [31], der zu einer lokal begrenzten Wärmebehandlung genutzt werden kann. Damit wäre ein im Mikrometerbereich strukturierbarer Multiphasenwerkstoff möglich, der eine Kombination von Eigenschaften des versprit zten mit denen des temperaturbehandelten Zustandes ermöglicht.

Eine weitere Untersuchung des möglichen Zusammenhanges zwischen dem Verlauf des Momentanmoduls und der Thermoschockbeständigkeit wäre lohnenswert, da, wenn ein solcher Zusammenhang weiter bestätigt würde, eine Möglichkeit zur Beurteilung der Thermoschockbeständigkeit ohne Thermoschockversuche gegeben wäre. Dazu wären, neben der Untersuchung von verschiedenen Zusammensetzungen und Temperaturbehandlungen, auch die Einflüsse verschiedener Probengeometrien und Arten des Thermoschocks zu betrachten. In diesem Versuchsplan müsste auch der Schock von Proben im verspritzten Zustand enthalten sein, um einen eventuellen Einfluss des Parameters $E_{0,8/0,2}$ für Werte kleiner eins für die entsprechende Probengeometrie beurteilen zu können.

Weitere Untersuchungen der Verteilung der sekundären amorphen Bereiche und deren Wechselwirkung mit der Zusammensetzung und der primären amorphen Bereiche im reinen Al_2O_3 über TEM-Untersuchungen wären aus Sicht des Autors ebenfalls sehr lohnend.

7 Zusammenstellung mechanischer Kennwerte aus der Literatur

In diesem Abschnitt sind mechanische Kennwerte von thermisch gespritzten Schichten aus verschiedenen Veröffentlichungen zusammengestellt. Die Mehrzahl der Arbeiten befasst sich dabei mit dem Plasmaspritzen. Der Schwerpunkt der Auswahl lag auf Angaben zur Biegefestigkeit, E-Modul und Bruchdehnung. Desweiteren sind einige Beispiele für Werte der Haftfestigkeit, des K_{IC}-Wertes, der Porosität und des Weibullmoduls angegeben. Damit soll ein Überblick über die üblichen Bereiche von Kennwerten gegeben werden.

Tabelle 7-1: Sammlung mechanischer Kennwerte

Material (Form, Temperaturbehandlung)	Verfahren	Biegefestigkeit σ [MPa]	Haftfestigkeit σ_H [MPa]	E-Modul [GPa]	Bruchdehnung ε [%]	Bruchzähigkeit K_{IC} [MPa*m$^{1/2}$]	Porosität [%]	Weibullmodul [-]	Bemerkungen, Art der Kennwert- bzw. Probengewinnung	Quelle
Al₂O₃-Matrix										
Al₂O₃	APS	20	-	-	-	1,2	-	-	4-Punkt-Biegung, in-situ Beobachtung des Risswachstums im REM	[157]
Al₂O₃ (12h/1550°C)	APS	60	-	-	-	5	-	-	4-Punkt-Biegung, in-situ Beobachtung des Risswachstums im REM	[157]
Al₂O₃	SFS	~35	-	~45	-	-	7,6	-	3-Punkt-Biegung von auf Grafit gespritzten und gesägten freistehenden Schichten	[24]
Al₂O₃ (Pulver d₅₀=15,3µm)	APS	-	30,2	-	-	-	~4,6	28,7	Stirnzugtest	[70]
Al₂O₃ (Pulver d₅₀=19,4µm)	APS	-	~28	-	-	-	~6,0	18,2	Stirnzugtest	[70]
Al₂O₃ (Pulver d₅₀=33,5µm)	APS	-	~22,5	-	-	-	~8,2	12,4	Stirnzugtest	[70]
Al₂O₃	APS	27,2±1,7	-	13	-	-	-	-	Ring-Test	[197]
Al₂O₃ (4h/1450°C)	APS	54,8±4,1	-	95	-	-	-	-	Ring-Test	[197]

Material (Form, Temperaturbehandlung)	Verfahren	Biegefestigkeit σ [MPa]	Haftfestigkeit σ_H [MPa]	E-Modul [GPa]	Bruchdehnung ε [%]	Bruchzähigkeit K_{IC} [MPa*m^{1/2}]	Porosität [%]	Weibullmodul [-]	Bemerkungen, Art der Kennwert- bzw. Probengewinnung	Quelle
Al₂O₃-Matrix										
Al₂O₃/3ma.% TiO₂ (Metaceram 28020)	PFS	-	-	-	-	1,11	52	-	Eindruckmethode mit Vickersspitze nach ASTM C633	[92]
Al₂O₃/13ma.% TiO₂ (Metaceram 28030)	PFS	-	-	-	-	1,79	43	-	Eindruckmethode mit Vickersspitze nach ASTM C633	[92]
Al₂O₃/40ma.% TiO₂	APS	-	-	-	-	4,5	-	-	Eindruckmethode mit Vickersspitze	[97]
Al₂O₃/50ma.% TiO₂	APS	-	-	-	-	5,2	-	-	Eindruckmethode mit Vickersspitze	[97]
Al₂O₃/3ma.% TiO₂	APS	35,6±2.7	-	17	-	-	-	-	Ring-Test	[197]
Al₂O₃/3ma.% TiO₂ (4h/1450°C)	APS	125±27	-	260	-	-	-	-	Ring-Test	[197]
Al₂O₃/50ma.% TiO₂	APS	31	-	236	-	-	6	-	Eindruckmethode mit Knoop- und Vickersspitze, 3-Punkt-Biegung von Schicht mit Substrat	[257]
Al₂O₃/50ma.% TiO₂ (16h/600°C)	APS	13,2	-	-	-	-	8	-	Eindruckmethode mit Knoop- und Vickersspitze, 3-Punkt-Biegung von Schicht mit Substrat	[257]
Al₂O₃/22,3ma.% ZrO₂	APS	32,8±1.7	-	20	-	-	-	-	Ring-Test	[197]
Al₂O₃/22,3ma.% ZrO₂ (4h/1450°C)	APS	76,0±4.6	-	95	-	-	-	-	Ring-Test	[197]
Al₂O₃/40ma.% ZrO₂	APS	81	-	8,8	1,6*	-	5,9	-	3-Punkt-Biegung an gesägten und geätzten Proben, *Bruchdehnung vermutlich in ‰	[258]
Al₂O₃/40ma.% ZrO₂	APS	163 ± 26	-	150 ± 22	0,13 ± 0,01	-	12,3±0,6	6	3-Punkt-Biegung an gesägten Proben	[56]
Al₂O₃/40ma.% ZrO₂ (1h/1400°C)	APS	156 ± 17	-	160 ± 41	0,15 ± 0,02	-	7,9±0,4	3	3-Punkt-Biegung an gesägten Proben	[56]

Kennwertsammlung

Material (Form, Temperaturbehandlung)	Verfahren	Biegefestigkeit σ [MPa]	Haftfestigkeit σ_H [MPa]	E-Modul [GPa]	Bruchdehnung ε [%]	Bruchzähigkeit K_{IC} [MPa·m$^{1/2}$]	Porosität [%]	Weibullmodul [-]	Bemerkungen, Art der Kennwert- bzw. Probengewinnung	Quelle
TiO$_2$-Matrix										
Al$_2$O$_3$/30ma.% MgO	APS	103	-	10	2,3*	-	6,1	-	3-Punkt-Biegung an gesägten und geätzten Proben, *Bruchdehnung vermutlich in ‰	[258]
TiO$_2$ (Nanopulver)	PFS	-	-	160	-	-	2	-	Eindruckmethode mit Knoopspitze	[164]
TiO$_2$ (Nanopulver)	PFS	-	-	159±19 (Knoop, Oberfläche) 161±18 (Knoop, Querschnitt) 120±10 (Laser, Oberfläche) 130±15 (Laser, Querschnitt)	-	-	2,0±0,3	-	Eindruckmethode mit Knoopspitze, Laser-Ultraschall-Messung an geschliffenen Flächen	[153]
TiO$_2$ (Nanopulver; 850 m/s)	HVOF	-	>77	-	-	-	1,0	-	Stirnzugtest nach ASTM C633-01	[29]
TiO$_2$ (Nanopulver; 680 m/s)	HVOF	-	>77	-	-	-	3,2	-	Stirnzugtest nach ASTM C633-01	[29]
TiO$_2$ (Nanopulver)	HVOF	-	-	-	-	28,4±1,4	-	-	Eindruckmethode mit Vickersspitze	[77]
TiO$_2$ (Nanopulver)	APS	-	-	-	-	17,4±3,4	-	-	Eindruckmethode mit Vickersspitze	[77]
TiO$_2$ (Nanopulver)	HVOF	-	>77	-	-	14,8±1,6	-	-	Eindruckmethode mit Vickersspitze	[77]
TiO$_2$ (Nanopulver)	APS	-	-	-	-	-	-	14,4	Stirnzugtest nach ASTM C633	[259]
TiO$_2$ (Metco 102)	APS	-	~35	-	-	~15	-	-	Stirnzugtest	[178]
TiO$_2$ (Metco 102)	HVOF	-	~25	-	-	~17	-	-	Stirnzugtest	[178]
TiO$_2$ (Nanopulver)	HVOF	-	~65	-	-	~14	-	-	Stirnzugtest	[178]

Material (Form, Temperaturbehandlung)	Verfahren	Biegefestigkeit σ [MPa]	Haftfestigkeit $σ_H$ [MPa]	E-Modul [GPa]	Bruchdehnung ε [%]	Bruchzähigkeit K_{IC} [MPa*m$^{1/2}$]	Porosität [%]	Weibullmodul [-]	Bemerkungen, Art der Kennwert- bzw. Probengewinnung	Quelle
TiO$_2$-Matrix										
TiO$_2$	APS	-	-	185.1±22.4	-	-	8.7	-	Eindruckmethode mit Vickersspitze	[201]
TiO$_2$ (1h/1300°C)	APS	-	-	209.5±22.8	-	-	7.0	-	Eindruckmethode mit Vickersspitze	[201]
TiO$_2$ (Nanopulver)	APS	-	-	197.7±20.1	-	-	4.9	-	Eindruckmethode mit Vickersspitze	[201]
TiO$_2$/10ma.% HA	HVOF	-	>77	-	-	-	-	9.3	Stirnzugtest nach ASTM C633	[259]
TiO$_2$/20ma.% HA	HVOF	-	68±14	-	-	-	-	10.6	Stirnzugtest nach ASTM C633	[259]
ZrO$_2$-Matrix										
ZrO$_2$/7ma.% Y$_2$O$_3$	APS	74	-	21,3	0.8*	-	12	-	3-Punkt-Biegung an gesägten und geätzten Proben, *Bruchdehnung vermutlich in ‰	[258]
ZrO$_2$/7ma.% Y$_2$O$_3$	APS	74	-	16	-	-	-	25	3-Punkt-Biegung an mechanisch abgelösten und gesägten Proben	[260]
ZrO$_2$/7ma.% Y$_2$O$_3$ (48h/1000°C)	APS	123	-	31	-	-	-	18	3-Punkt-Biegung an mechanisch abgelösten und gesägten Proben	[260]
ZrO$_2$/7ma.% Y$_2$O$_3$ (48h/1000°C+36h/1400°C)	APS	314	-	45	-	-	-	20	3-Punkt-Biegung an mechanisch abgelösten und gesägten Proben	[260]
ZrO$_2$/7ma.% Y$_2$O$_3$ (48h/1000°C+24h/1700°C)	APS	10	-	4	-	-	-	5	3-Punkt-Biegung an mechanisch abgelösten und gesägten Proben	[260]
ZrO$_2$/7ma.% Y$_2$O$_3$	SPPS	-	-	49	-	-	-	-	Barb-shear-test	[261]
ZrO$_2$/7ma.% Y$_2$O$_3$ (Amperit 832.7 H.C. Starck)	APS	-	-	10.1 ± 0.8	-	-	13.8 ± 1	-	3-Punkt-Biegung an gesägten Proben	[158]

Kennwertsammlung

Material (Form, Temperaturbehandlung)	Verfahren	Biegefestigkeit σ [MPa]	Haftfestigkeit σ_H [MPa]	E-Modul [GPa]	Bruchdehnung ε [%]	Bruchzähigkeit K_{IC} [MPa·m$^{1/2}$]	Porosität [%]	Weibullmodul [-]	Bemerkungen, Art der Kennwert- bzw. Probengewinnung	Quelle
ZrO$_2$-Matrix										
ZrO$_2$/7ma.% Y$_2$O$_3$ (Amperit 832.7 H.C. Starck, 200h/1250°C)	APS	-	-	50.7 ± 0.7	-	-	9.8 ± 1.2	-	3-Punkt-Biegung an gesägten Proben	[158]
ZrO$_2$/7ma.% Y$_2$O$_3$ (sintered powder)	APS	-	-	-	-	-	19.6±2.2	-	k.A.	[156]
ZrO$_2$/7ma.% Y$_2$O$_3$ (hollow powder)	APS	-	-	-	-	-	23.3±2.5	-	k.A.	[156]
ZrO$_2$/7ma.% Y$_2$O$_3$ (Metco 204NS-B)	APS	-	-	~20 240±14 nano indentation)	-	-	11.0±0.3	-	Eindruckmethode mit Knoopspitze	[262]
ZrO$_2$/7ma.% Y$_2$O$_3$ (Metco 204NS-B, laser remelted)	APS	-	-	~24 250±15 nano indentation)	-	-	17.2±4.3	-	Eindruckmethode mit Knoopspitze	[262]
ZrO$_2$/7ma.% Y$_2$O$_3$ (Metco 204NS-B, 100h/1100°C)	APS	-	-	33.8±4.8	-	-	-	-	Eindruckmethode mit Knoopspitze	[262]
ZrO$_2$/7ma.% Y$_2$O$_3$ (Metco 204NS-B, laser remelted, 100h/1100°C)	APS	-	-	35.8±7.2	-	-	-	-	Eindruckmethode mit Knoopspitze	[262]
ZrO$_2$/7ma.% Y$_2$O$_3$	APS	~115	-	~55	-	-	-	-	4-Punkt-Biegung an mit H$_2$SO$_4$ abgelösten Schichten	[263]
ZrO$_2$/7ma.% Y$_2$O$_3$ (1000h/1250°C)	APS	~180	-	~105	-	-	-	-	4-Punkt-Biegung an mit H$_2$SO$_4$ abgelösten Schichten	[263]
ZrO$_2$/8ma.% Y$_2$O$_3$	APS	-	-	45	-	2.1±0.5 (Oberfläche) 0.6±0.3 (Querschnitt)	-	-	Spannungsanalyse an belasteten und gebogenen Aluminiumsubstraten mit Schicht	[264]
ZrO$_2$/8ma.% Y$_2$O$_3$	APS	-	6.3±0.7	-	-	-	22.8	-	Eindruckmethode mit Vickersspitze	[152]

Material (Form, Temperaturbehandlung)	Verfahren	Biegefestigkeit σ [MPa]	Haftfestigkeit σ_H [MPa]	E-Modul [GPa]	Bruchdehnung ε [%]	Bruchzähigkeit K_IC [MPa*m^{1/2}]	Porosität [%]	Weibullmodul [-]	Bemerkungen, Art der Kennwert- bzw. Probengewinnung	Quelle
ZrO₂-Matrix										
ZrO₂/8ma.% Y₂O₃ (METCO 204C-NS)	APS	-	9.8±0.3	-	-	1.8±0.5 (Oberfläche) 1.2±0.3 (Querschnitt)	16.8	-	Eindruckmethode mit Vickersspitze	[152]
ZrO₂/8ma.% Y₂O₃ (800h/1210°C)	APS	-	-	-	-	1.7±0.1 (Oberfläche) 4.0±0.8 (Querschnitt)	18.3	-	Eindruckmethode mit Vickersspitze	[152]
ZrO₂/8ma.% Y₂O₃ (METCO 204C-NS, 800h/1210°C)	APS	-	-	-	-	2.2±0.5 (Oberfläche) 4.0±0.6 (Querschnitt)	12.8	-	Eindruckmethode mit Vickersspitze	[152]
ZrO₂/8ma.% Y₂O₃	APS	~55	-	~35	-	-	15	-	4-Punkt-Biegung an mit H₂SO₄ abgelösten Schichten	[263]
ZrO₂/8ma.% Y₂O₃ (1000h/1250°C)	APS	~85	-	~55	-	-	-	-	4-Punkt-Biegung an mit H₂SO₄ abgelösten Schichten	[263]
ZrO₂/8ma.% Y₂O₃ (Messung bei RT)	APS	33±7	-	13 (Zug) 25 (Druck)	-	KIc: 1.15±0.07 KIIc: 0.73±0.10	-	6	4-Punkt-Biegung an freistehenden durch Oxidation eines C-Substrates bei 680°C und Sägen gewonnenen Schichten, SEVNB	[79]
ZrO₂/8ma.% Y₂O₃ (Messung bei 800°C)	APS	-	-	-	-	1.03±0.07	-	-	SEVNB	[79]
ZrO₂/8ma.% Y₂O₃ (Messung bei 1316°C)	APS	-	-	-	-	KIc: 0.98±0.13 KIIc: 0.65±0.04	-	-	SEVNB	[79]
ZrO₂/8ma.% Y₂O₃	APS	39.7±2.7	-	9.9±0.6	-	-	-	-	4-Punkt-Biegung an freistehenden mit HCl abgelösten Schichten	[265]
ZrO₂/8ma.% Y₂O₃ (5h/1250°C)	APS	91.3±3.9	-	40.9±4.1	-	-	-	-	4-Punkt-Biegung an freistehenden mit HCl abgelösten Schichten	[265]

Kennwertsammlung

Material (Form, Temperaturbehandlung)	Verfahren	Biegefestigkeit σ [MPa]	Haftfestigkeit σ_H [MPa]	E-Modul [GPa]	Bruchdehnung ϵ [%]	Bruchzähigkeit K_{IC} [MPa*m$^{1/2}$]	Porosität [%]	Weibullmodul [-]	Bemerkungen, Art der Kennwert- bzw. Probengewinnung	Quelle
ZrO$_2$-Matrix										
ZrO$_2$/8ma.% Y$_2$O$_3$ (laser glazed)	APS	10.8±2.1	-	1-3	-	-	-	-	4-Punkt-Biegung an freistehenden mit HCl abgelösten Schichten	[265]
ZrO$_2$/8ma.% Y$_2$O$_3$ (laser glazed, 5h/1250°C)	APS	19.1±1.4	-	5-8	-	-	-	-	4-Punkt-Biegung an freistehenden mit HCl abgelösten Schichten	[265]
ZrO$_2$/8ma.% Y$_2$O$_3$ (Anperit 827.090, getestet bei RT, 500°C und 1000°C)	APS	4-60	-	2,5-20	0,2-0,4	-	-	-	Freistehende Schichten mit HCL/HNO$_3$ abgelöst und gesägt	[81]
ZrO$_2$/(xY$_2$O$_3$:yCeO$_2$) (0-1000h/1000-1400°C)	APS	10 - 65	-	10 - 90	-	-	-	-	4-Punkt-Biegung an freistehenden mit HCl abgelösten Schichten	[82]
Ca-ZrO$_2$	APS	25.3±3.1	-	7	-	-	-	-	Ring-Test	[197]
Ca-ZrO$_2$ (4h/1450°C)	APS	78.2±9.9	-	106	-	-	-	-	Ring-Test	[197]
Mg-ZrO$_2$	APS	13.9±0.2	-	3,7	-	-	-	-	Ring-Test	[197]
Mg-ZrO$_2$ (4h/1450°C)	APS	50.1±2.0	-	69	-	-	-	-	Ring-Test	[197]
Sonstige Oxide										
HA	HVOF	41.4±3.9	10.2±1.35	-	-	-	-	-	4-Punkt-Biegung nach ASTM C633	[104]
HA	APS	45.2±5.1	31.5±2.6	-	-	-	-	-	4-Punkt-Biegung nach ASTM C633	[104]
HA	APS	6 - 14	-	0,5 – 3,4 (Zug) 3,2 – 5,3 (Druck)	-	0,3 - 1,1	-	-	Biegung Schicht mit Substrat	[105]
La$_2$Ce$_2$O$_7$	APS	20,3	-	25	-	1,3 – 1,5	-	-	Eindruckmethode mit Knoop- und Vickersspitze	[191]
MgAl$_2$O$_4$	APS	26.7±2.8	-	16	-	-	-	-	Ring-Test	[197]
MgAl$_2$O$_4$ (4h/1450°C)	APS	64.3±4.7	-	119	-	-	-	-	Ring-Test	[197]
Mullit	APS	28.6±2.1	-	16	-	-	-	-	Ring-Test	[197]

Material (Form, Temperaturbehandlung)	Verfahren	Biegefestigkeit σ [MPa]	Haftfestigkeit σ_H [MPa]	E-Modul [GPa]	Bruchdehnung ε [%]	Bruchzähigkeit K_IC [MPa*m^{1/2}]	Porosität [%]	Weibullmodul [-]	Bemerkungen, Art der Kennwert- bzw. Probengewinnung	Quelle
Sonstige Oxide										
Mullit (4h/1450°C)	APS	37.7±5.6	-	46	-	-	-	-	Ring-Test	[197]
ZrSiO₄	APS	19.3±2.1	-	6.1	-	-	-	-	Ring-Test	[197]
ZrSiO₄ (4h/1450°C)	APS	Versagen	-	-	-	-	-	-	Ring-Test	[197]
ZrSiO₄/50mol% Al₂O₃	APS	-	-	58.9	-	0.79	-	-	Eindruckmethode mit Vickersspitze	[115]
ZrSiO₄/50mol% Al₂O₃ (plasma spheroidized)	APS	-	-	54.3	-	1.27	-	-	Eindruckmethode mit Vickersspitze	[115]

8 Abbildungsverzeichnis

Abbildung 4.3-1: Prinzip des Stabflammspritzens 25
Abbildung 4.3-2: Stabspitzen nach Gebrauch 25
Abbildung 4.4-1: Anschliff Stab 90:10:0 25
Abbildung 4.4-2: Anschliff Stab 85:5:10 25
Abbildung 4.5-1: Diffraktogramme von Mischungen mit ausgeprägtem amorphen Buckel 27
Abbildung 4.5-2: Untersuchte Mischungen der Vorversuche (a) und festgelegte Mischungen für die Hauptversuche (b) 28
Abbildung 4.6-1: Rissmuster auf der Oberfläche der Probe 90:5:5 verspritzt 30
Abbildung 4.6-2: Gezackte Rissflanken in 90:4:6 verspritzt (Probenbezeichnung im Bild in mol%) 31
Abbildung 4.6-3: Glatte Rissflanken in 23:58:19 verspritzt (Probenbezeichnung im Bild in mol%) 31
Abbildung 4.6-4: Säulenartige Struktur der Lamellen in 100:0:0 verspritzt 31
Abbildung 4.6-5: Säulenartige Struktur der Lamellen in 90:5:5 verspritzt 31
Abbildung 4.6-6: TiO_2- und ZrO_2-reiche Ausscheidungen in 90:4:6 nach Temperaturbehandlung 1600°C 2 h (Bezeichnung im Bild in mol%) 32
Abbildung 4.6-7: Überblick Ausscheidungen in 90:4:6 nach Temperaturbehandlung 1600°C 2 h (Probenbezeichnung im Bild in mol%) 32
Abbildung 4.6-8: Ausscheidung von $ZrTiO_4$ in 90:4:6 nach Temperaturbehandlung bei 1200° 10 h (Oberfläche, Probenbezeichnung im Bild in mol%) 32
Abbildung 4.6-9: Wachstum von Korundkristallen in 100:0:0 über ehemalige Lamellengrenzen nach Temperaturbehandlung bei 1200° 10 h (Anschliff) 32
Abbildung 4.6-10: Ausscheidungen von vermutlich $ZrTiO_4$ an Korngrenzen; Anschliff von 96:1,6:2,4 nach Temperaturbehandlung 2 h bei 1600°C mit anschließendem thermischen Ätzen (Probenbezeichnung im Bild in mol%) 33
Abbildung 4.6-11: Ausscheidungen von vermutlich $ZrTiO_4$ an Korngrenzen und innerhalb von Körnern; Anschliff von 96:1,6:2,4 nach Temperaturbehandlung 2 h bei 1600°C (Probenbezeichnung im Bild in mol%)33
Abbildung 4.6-12: Rissmuster in 90:5:5 verspritzt im Sekundärelektronenbild 33
Abbildung 4.6-13: Rissmuster in 90:5:5 verspritzt im Rückstreuelektronenbild 33
Abbildung 4.7-1: Streuung der Festigkeitswerte in Abhängigkeit der Probendicke bei Schichten auf Aluminiumfolie 35
Abbildung 4.7-2: Festigkeitswerte von Schichten, die von rußbeschichteten Substraten abgelöst wurden ... 35
Abbildung 5.1-1: Clusteranalyse aller Phasenzustände 38
Abbildung 5.1-2: Detail aus der Rietveldanalyse unter Annahme einer Verteilung der kubischen Gitterparameter mit vierzehn Abstufungen, Profil R-Wert 13,8 40
Abbildung 5.1-3: Rietveldanpassung und Differenzdiagramm der Probe 90:0:10 verspritzt, Profil R-Wert 6,62 40
Abbildung 5.1-4: Amorpher Anteil nach Korrekturansatz 2 46
Abbildung 5.1-5: Amorpher Anteil errechnet mit AutoQuan 46
Abbildung 5.1-6: Gitterparameter a des γ-Al_2O_3 46
Abbildung 5.1-7: Unsicherheitsbereich des amorphen Anteils resultierend aus dem Unsicherheitsbereich der Rietveldanalyse 47

Abbildungsverzeichnis

Abbildung 5.1-8: Probe 100:0:0 verspritzt: SE-Abbildung mit Ausschnitt (markierter Bereich) für EBSP-Mapping (a), Verteilung der Beugungsbildqualität (b) und Phasenzuordnung α-Al_2O_3 (c), δ-Al_2O_3 (d) und ... 56

Abbildung 5.1-9: Probe 80:10:10 verspritzt: SE-Abbildung mit Ausschnitt (schwarzes Rechteck) für EBSP-Mapping (a), Verteilung der Beugungsbildqualität (b) und Phasenzuordnungen α-Al_2O_3 (c), ... 57

Abbildung 5.1-10: Probe 90:5:5 TS 700°C: SE-Abbildung mit Ausschnitt (schwarzes Rechteck) für EBSP-Mapping (a), Verteilung der Beugungsbildqualität (b) und Phasenzuordnungen α-Al_2O_3, (c), ... 58

Abbildung 5.1-11: Probe 100:0:0 TS 1000°C: SE-Abbildung mit Ausschnitt (schwarzes Rechteck) für EBSP-Mapping (a), Verteilung der Beugungsbildqualität (b) und Phasenzuordnung α-Al_2O_3, (c), γ-Al_2O_3 (d) und δ-Al_2O_3 (e) 59

Abbildung 5.1-12: Fortsetzung; Probe 90:0:10 10h 1200°C: Verteilung der Beugungsbildqualität (b) und Phasenzuordnungen α-Al_2O_3 (c), δ-Al_2O_3 (d), γ-Al_2O_3 (e), Θ-Al_2O_3 (f), t-ZrO_2 (g), o-ZrO_2 (h) und m-ZrO_2 (j) 61

Abbildung 5.1-13: Zone dendritischer und eutektischer Erstarrung in 90:5:5 verspritzt 62

Abbildung 5.1-14: Durch großen Tropfen gestörter Schichtaufbau in 90:5:5 10h 1200°C (a) und Ausschnitt aus (a) mit eutektisch erstarrtem Bereich (b) 62

Abbildung 5.2-1: DTA-Kurven aller verspritzten Zusammensetzungen RT bis 1200°C (a) und Detailausschnitt bei höheren Temperaturen (b) 63

Abbildung 5.2-2: Lage des ersten Peaks der DTA-Kurve, Kristallisation des amorphen Anteils 63

Abbildung 5.2-3: Höhe des ersten Peaks der DTA-Kurve 63

Abbildung 5.3-1: Elementmapping der Probe 90:5:5 verspritzt; SE-Abbildung (a), Al-Verteilung (b), Ti-Verteilung (c) und Zr-Verteilung (d) 65

Abbildung 5.3-2: Lichtmikroskopische Aufnahme der Lamellenstruktur 100:0:0 verspritzt 66

Abbildung 5.3-3: Lichtmikroskopische Aufnahme der Lamellenstruktur 80:10:10 verspritzt 66

Abbildung 5.3-4: Elektronenmikroskopische Auf-nahme der Lamellenstruktur 100:0:0 verspritzt 66

Abbildung 5.3-5: Elektronenmikroskopische Auf-nahme der Lamellenstruktur 80:10:10 verspritzt 66

Abbildung 5.3-6: Elektronenmikroskopische Auf-nahme der Lamellenstruktur 90:0:10 verspritzt 67

Abbildung 5.3-7: Elektronenmikroskopische Auf-nahme der Lamellenstruktur 90:10:0 verspritzt 67

Abbildung 5.3-8: Elektronenmikroskopische Auf-nahme der Lamellenstruktur 90:5:5 verspritzt 67

Abbildung 5.3-9: Elektronenmikroskopische Auf-nahme der Lamellenstruktur 85:5:10 verspritzt 67

Abbildung 5.3-10: Elektronenmikroskopische Aufnahme der Lamellenstruktur 85:10:5 verspritzt................ 68

Abbildung 5.3-11: Art der Mikrostruktur in Abhängigkeit von der Zusammensetzung und der Kristallwachstumsgeschwindigkeit in einem eutektischen System der Komponenten α und β mit Mischungslücke nach [106] 70

Abbildung 5.3-12: Übergang von primären amorphen Bereichen zu gemischt amorph-kristallinen Bereichen 71

Abbildung 5.3-13: Übergang von gemischt amorph-kristallinen Bereichen zu rein kristallinen Bereichen 71

Abbildung 5.3-14: Gemischt amorph-kristalline Bereiche 71

Abbildung 5.3-15: Beugungsbild der in Abbildung 5.3-14 markierten Stelle 71

Abbildung 5.3-16: Sekundärer amorpher Bereich 72

Abbildung 5.3-17: Verteilungskurven der offenen Porosität im verspritzten Zustand kumulativ (a) und relativ (b) 75

Abbildung 5.3-18: Offene Porosität im verspritzten Zustand 75

Abbildung 5.3-19: Rohdichten im verspritzten Zustand 75

Abbildung 5.3-20: Elektronenmikroskopische Aufnahme der kolumnar gewachsenen Bereiche in 90:0:10 nach 10 h bei 1200°C 76

Abbildung 5.3-21: Elektronenmikroskopische Aufnahme der kolumnar gewachsenen Bereiche in 100:0:0 nach 10 h bei 1200°C 76

Abbildung 5.3-22: Elektronenmikroskopische Aufnahme der Ausscheidungen von Zirkoniumtitanat entlang ehemaliger Lamellen in 80:10:10 nach 10 h bei 1200°C 77

Abbildung 5.3-23: Elektronenmikroskopische Aufnahme der verschiedenen Größenklassen und Geometrien von Ausscheidungen von ZrO_2 in 90:0:10 nach 10 h bei 1200°C 77

Abbildung 5.3-24: Elektronenmikroskopische Aufnahme des zonaren Aufbaus der Ausscheidungen mit Rissen in 80:10:10 nach 100 h bei 1600°C 77

Abbildung 5.3-25: Elektronenmikroskopische Aufnahme des $m-ZrO_2$ in Ausscheidungen in 85:5:10 nach 100 h bei 1600°C 77

Abbildung 5.3-26: Elektronenmikroskopische Aufnahme von 80:10:10 100h 1600°C (a) und Elementverteilung von Aluminium (b), Titanium (c) und Zirkonium (d) 78

Abbildung 5.3-27: Elektronenmikroskopische Aufnahme einer dünnen Lamelle und anderer Ausscheidungen in 80:10:10 nach 55 h bei 1400°C 79

Abbildung 5.3-28: Elektronenmikroskopische Aufnahme der Reaktionsfront in 90:10:0 nach 100 h bei 1600°C 79

Abbildung 5.3-29: Verteilungskurven der offenen Porosität nach Behandlung 10h bei 1200°C 79

Abbildung 5.3-30: Verschiebung der Verteilungskurven von verspritzt nach 10h 1200°C 79

Abbildung 5.3-31: Verteilungskurven der offenen Porosität nach Behandlung 100h bei 1600°C 80

Abbildung 5.3-32: Verschiebung der Verteilungskurven von 10h 1200°C nach 100h 1600°C 80

Abbildung 5.4-1: Festigkeitswerte im verspritzten Zustand 83

Abbildung 5.4-2: Bruchdehnungen im verspritzten Zustand 83

Abbildung 5.4-3: Momentanmodulverlauf von 100:0:0 verspritzt (a) und 90:10:0 verspritzt (b) als Vertreter des Typ 1 84

Abbildung 5.4-4: Momentanmoduli im verspritzten Zustand 84

Abbildung 5.4-5: Abhängigkeit der Festigkeit von 90:0:10 vom Anteil des m-ZrO2 88

Abbildung 5.4-6: Entwicklung der Biegefestigkeit bei 100:0:0 89

Abbildung 5.4-7: Entwicklung der Biegefestigkeit bei 90:0:10 89

Abbildung 5.4-8: Entwicklung der Biegefestigkeit bei 90:10:0 89

Abbildung 5.4-9: Entwicklung der Biegefestigkeit bei 85:10:5 89

Abbildung 5.4-10: Entwicklung der Biegefestigkeit bei 90:5:5 90

Abbildung 5.4-11: Entwicklung der Biegefestigkeit bei 80:10:10 90

Abbildung 5.4-12: Entwicklung der Biegefestigkeit bei 85:5:10 90

Abbildung 5.4-13: Verlauf des Momentanmoduls von Proben 100:0:0 behandelt für 10 h bei 1200°C als Vertreter des Typ 2 91

Abbildung 5.4-14: Verlauf des Momentanmoduls von Proben 100:0:0 behandelt für 100 h bei 1200°C als Vertreter des Typ 3 91

Abbildung 5.4-15: Verlauf des Momentanmoduls von Proben 85:10:5 behandelt für 100 h bei 1600°C als Vertreter des Typ 4 mit Maximum bei einer relativen Dehnung von 0,5 92

Abbildung 5.4-16: Längenänderung als Funktion der Temperatur 94

Abbildung 5.4-17: 1. Ableitung der Längenänderungskurve (a) und vergrößerter Ausschnitt daraus (b) 94

Abbildung 5.4-18: Herausnehmbare Muffel für Thermoschockversuche an kleinen Proben 98

Abbildung 5.4-19: Thermoschockverhalten nach einer Temperaturbehandlung von 10 h bei 1200°C 98

Abbildung 6.1-1: Oberfläche Spritzschicht Al_2O_3+MgO+$NaAlO_2$ (a) und Detailausschnitt aus a (b) 99

Abbildung 6.1-2: Diffraktogramm von ZrO_2 + 3,5 ma.% MgO im verspritzten Zustand 101

Abbildung 6.1-3: ZrO_2-Ausscheidung in 80:0:20-Pulver gesintert für 1h bei 1675°C 101

Abbildung 6.1-4: ZrO_2-Ausscheidung in 90:0:10-Pulver gesintert für 2h bei 1600°C 101

9 Tabellenverzeichnis

Tabelle 3-1: Kristallstruktur, Stabilität und Dichte verschiedener Phasen im System Al_2O_3-TiO_2-ZrO_2 7

Tabelle 3-2: Beispiele für quantitative Phasenanalyse mit Bestimmung des amorphen Anteils; APS=Atmosphärisches PlasmaSpritzen, CVS=Chemical Vapour Sythesis 13

Tabelle 4.2-1: Verwendete Rohstoffe und einige Eigenschaften 24

Tabelle 4.5-1: Phasengehalte nach dem Verspritzen der Mischungen aus den Voruntersuchungen 27

Tabelle 4.5-2: Phasengehalte nach 20h bei 1100°C 28

Tabelle 5.1-1: Phasengehalte und R-Werte aus Rietveldanalyse der Stäbe 39

Tabelle 5.1-2: Korrekturfaktoren 44

Tabelle 5.1-3: Zusammenfassung der Phasengehalte im verspritzten Zustand und der unter Anwendung der Korrekturfansätze erhaltenen amorphen Anteile; amorpher Anteil von 100:0:0 sind definierte Werte 44

Tabelle 5.1-4: Ergebnisse der Rietveldanalyse mit AutoQuan (Fehlerbereich beschreibt Unsicherheit aus der Berechnung und ist keine absolute Fehlerangabe) 45

Tabelle 5.1-5: Ergebnisse der Rietveldanalyse für Behandlungstemperatur 1200°C und -zeiten 10 bzw. 100 Stunden 49

Tabelle 5.1-6: Ergebnisse der Rietveldanalyse für Behandlungstemperatur 1400°C und -zeit 55 Stunden 51

Tabelle 5.1-7: Ergebnisse der Rietveldanalyse für Behandlungstemperatur 1600°C und -zeiten 10 bzw. 100 Stunden 52

Tabelle 5.3-1: Flächenanteile der amorphen Lamellen aus Bildanalyse und Differenz zur Rietveldanalyse (K2) 68

Tabelle 5.3-2: Zusammenfassung offene Porosität 81

Tabelle 5.3-3: Zusammenfassung Rohdichte 81

Tabelle 5.4-1: Qualität der Unterschiede zwischen den Festigkeitswerten im verspritzten Zustand bei Anwendung t-Test mit Signifikanzlevel 0,95; ✓Unterschied vorhanden, ☒kein Unterschied vorhanden 83

Tabelle 5.4-2: Zusammenfassung der ermittelten mechanischen Kennwerte 86

Tabelle 5.4-3: Maximale Festigkeitssteigerung durch Temperaturbehandlung 87

Tabelle 5.4-4: Veränderung des E-Moduls und der Bruchdehnung nach Behandlung von 10 h bei 1200°C ... 87

Tabelle 5.4-5: Zuordnung der Proben zu einem Typ des Momentanmodulverlaufs und Lage des Maximums 93

Tabelle 6.1-1: Rohstoffe für Versuche in Nebenrichtungen 99

Tabelle 7-1: Sammlung mechanischer Kennwerte 104

10 Literaturverzeichnis

1. Aneziris, C.G., W. Schärfl, and B. Ullrich, *Microstructure evaluation of Al2O3 ceramics with Mg-PSZ- and TiO2-additions.* Journal of the European Ceramic Society, 2007. **27**(10): p. 3191-3199.
2. *Al2O3-TiO2-ZrO2-phase diagramm,* in *ACerS - NIST phase equilibria diagrams Version 3.1* 2005, ACerS.
3. Diez, J.C., et al., *Study of directionally solidified eutectic Al2O3-ZrO2 (3% Y2O3) doped with TiO2.* . Boletin de la Sociedad Espanola de Ceramica y Vidrio, 2007. **46**(3): p. 119-122.
4. Baumann, S., *Einfluss von Aluminiumoxid- und Titanoxid-Additiven auf die Thermoschockbeständigkeit von MgO-teilstabilisiertem Zirkonoxid,* in *RWTH.* 2007: Aachen.
5. Kim, I.J., et al., *Negative thermal expansion up to 1000°C of ZrTiO4-Al2TiO5 ceramics for high-temperature applications.* Key Engineering Materials, 2005. **280-283**(Pt. 2, High-Performance Ceramics III): p. 1179-1184.
6. Aneziris, C.G., E.M. Pfaff, and H.R. Maier, *Fine grained Mg-PSZ ceramics with titania and alumina or spinel additions for near net shape steel processing.* Journal of the European Ceramic Society, 2000. **20**(11): p. 1729-1737.
7. Shim, I.-S. and C.-S. Lee, *Synthesis and characterization of Al2O3/ZrO2, Al2O3/TiO2 and Al2O3/ZrO2/TiO2 ceramic composite particles prepared by ultrasonic spray pyrolysis.* Bulletin of the Korean Chemical Society, 2002. **23**(8): p. 1127-1134.
8. Nawa, M., et al., *The effect of TiO2 addition on strengthening and toughening in intragranular type of 12Ce-TZP/Al2O3 nanocomposites.* Journal of the European Ceramic Society, 1998. **18**(3): p. 209-219.
9. Hwang, C.-S. and Y.-J. Chang, *Effects of TiO2 on the microstructure and mechanical properties of Al2O3/ZrO2 composites.* Journal of Materials Research, 1996. **11**(6): p. 1546-1551.
10. Niemi, K., et al. *Properties of alumina-zirconia-titania and alumina-zirconia-chromia coatings deposited by plasma spraying and detonation gun spraying.* in *ITSC 95* 1995. Kobe: High Temperature Society of Japan, Osaka, Japan
11. Virro-Nic, P. and J. Pilling, *Thermal expansion and microstructures of melted Al2O3-ZrO2-TiO2 ceramics.* Journal of Materials Science Letters, 1994. **13**(13): p. 950-954.
12. Smirnov, V.V., N.T. Andrianov, and E.S. Lukin, *Structure and Strength of Corundum Ceramics with Additions containing Components with low Surface Tension* Translated from Ogneupory, 1994. **11**: p. 14-18.
13. Gahr, K.-H.Z. and S.-Z. Lee, *Friction and wear of ZrO2-TiO2 surface-alloyed Al2O3 ceramics in unlubricated sliding contact.* Materialwissenschaft und Werkstofftechnik, 1994. **25**(3): p. 110-118.
14. Thomas, H.A.J., R. Stevens, and E. Gilbart, *Effect of zirconia additions on the reaction sintering of aluminium titanate.* Journal of Materials Science, 1991. **26**(13): p. 3613-3616.
15. Shindo, Y., W.C. Moffatt, and H.K. Bowen, *Effect of composition and processing on Al2O3---TiO2---ZrO2 composites.* Materials Letters, 1990. **10**(1-2): p. 79-83.
16. Parker, F.J., *Aluminum titanate (Al2TiO5)-zirconium titanate (ZrTiO4)-zirconia composites: A new family of low-thermal-expansion ceramics.* Journal of the American Ceramic Society, 1990. **73**(4): p. 929-932.
17. Melo, M.F., et al., *Multicomponent toughened ceramic materials obtained by reaction sintering. Part 3. System zirconia-alumina-silica-titania.* Journal of Materials Science, 1985. **20**(8): p. 2711-2718.
18. Bonhomme-Coury, L., et al., *Preparation of Al2TiO5-ZrO2 mixed powders via sol-gel process.* Journal of Sol-Gel Science and Technology, 1994. **2**(1-3): p. 371-375.
19. Damani, R.J. and P. Makroczy, *Heat treatment induced phase and microstructural development in bulk plasma sprayed alumina.* Journal of the European Ceramic Society, 2000. **20**(7): p. 867-888.
20. Petzold, A. and J. Ulbricht, *Aluminiumoxid Rohstoff-Werkstoff-Werkstoffkomponente.* 1991, Leipzig: Verlag für Grundstoffindustrie.
21. Gualtieri, M.L., M. Prudenziati, and A.F. Gualtieri, *Quantitative determination of the amorphous phase in plasma sprayed alumina coatings using the Rietveld method.* Surface and Coatings Technology, 2006. **201**(6): p. 2984-2989.
22. Scholze, H. and H. Salmang, *Keramik,* ed. R. Telle. 2007: Springer Berlin Heidelberg New York.
23. *X'Pert HighScore Plus,* P. B.V., Editor. 2008.
24. Ault, N.N. and C. Norton, *Characteristics of refractory oxide coatings produced by flame-spraying.* J. Am. Ceramic Soc., 1957. **40**: p. 69-74.

25. Dynys, F.W. and J.W. Halloran, *Alpha alumina formation in alum-derived gamma alumina*. Journal of the American Ceramic Society, 1982. **65**(9): p. 442-8.
26. McPherson, R., *Formation of metastable phases in flame- and plasma-prepared alumina*. Journal of Materials Science, 1973. **8**(6): p. 851-858.
27. Balasubramanian, S., et al., *Effect of powder characteristics on phase transformation in plasma sprayed alumina-13 wt.% titania coatings*. Ceramic Transactions 2002. **135**(Innovative Processing and Synthesis of Ceramics, Glasses, and Composites VI): p. 127-135.
28. Fargeot, D., D. Mercurio, and A. Dauger, *Structural characterization of alumina metastable phases in plasma sprayed deposits*. Materials Chemistry and Physics, 1990. **24**(3): p. 299-314.
29. Gaona, M., R.S. Lima, and B.R. Marple, *Influence of particle temperature and velocity on the microstructure and mechanical behaviour of high velocity oxy-fuel (HVOF)-sprayed nanostructured titania coatings*. Journal of Materials Processing Technology, 2008. **198**(1-3): p. 426-435.
30. Bertrand, G., et al., *Evaluation of metastable phase and microhardness on plasma sprayed titania coatings*. Surface and Coatings Technology, 2006. **200**(16-17): p. 5013-5019.
31. Tomaszek, R., et al., *Microstructural transformations of TiO2, Al2O3+13TiO2 and Al2O3+40TiO2 at plasma spraying and laser engraving*. Surface and Coatings Technology, 2004. **185**(2-3): p. 137-149.
32. Ye, X.-l., S.-n. Ma, and C.-q. Li, *Fabrication and analysis of nano-structured thermal spraying feeds*. Transactions of Nonferrous Metals Society of China, 2004. **14**(Spec. 2): p. 83-87.
33. Banus, M.D., *Quenchable effects of high pressures and temperatures on the cubic monoxide of titanium*. Materials Research Bulletin, 1968. **3**(9): p. 723-734.
34. Zawrah, M.F. and N.M. Khalil, *Processing, sintering and properties of MgO/CaZrO3 and MgO/ZrO2 composites*. . Interceram, 2008. **57**(2): p. S/1-S/4.
35. Fernandez, R., et al., *Phase assemblage effects on the fracture and fatigue characteristics of magnesia-partially stabilized zirconia*. International Journal of Refractory Metals and Hard Materials, 1998. **16**(4-6): p. 291-301.
36. Howard, C.J. and R.J. Hill, *The polymorphs of zirconia: phase abundance and crystal structure by Rietveld analysis of neutron and X-ray diffraction data*. Journal of Materials Science, 1991. **26**(1): p. 127-134.
37. Pandolfelli, V.C., J.A. Rodrigues, and R. Stevens, *Effects of TiO2 addition on the sintering of ZrO2·TiO2 compositions and on the retention of the tetragonal phase of zirconia at room temperature*. Journal of Materials Science, 1991. **26**(19): p. 5327-5334.
38. Srdic, V.V., S. Rakic, and Z. Cvejic, *Aluminum doped zirconia nanopowders: Wet-chemical synthesis and structural analysis by Rietveld refinement*. Materials Research Bulletin, 2008. **43**(10): p. 2727-2735.
39. Vasiliev, A.L., N.P. Padture, and X. Ma, *Coatings of metastable ceramics deposited by solution-precursor plasma spray: I. Binary ZrO2-Al2O3 system*. Acta Materialia, 2006. **54**(18): p. 4913-4920.
40. Vasiliev, A.L. and N.P. Padture, *Coatings of metastable ceramics deposited by solution-precursor plasma spray: II. Ternary ZrO2-Y2O3-Al2O3 system*. Acta Materialia, 2006. **54**(18): p. 4921-4928.
41. Wu, F.-C. and S.-C. Yu, *The effect of δ-phase, Mg2Zr5O12, on the stabilization of the tetragonal phase in MgO---PSZ*. Materials Research Bulletin, 1988. **23**(4): p. 467-474.
42. Behrens, G. and A.H. Heuer, *Thermally Activated Martensitic Transformations in Mg-PSZ*. Journal of the American Ceramic Society, 1996. **79**(4): p. 895-905.
43. Hill, R.J. and B.E. Reichert, *Measurement of Phase Abundance in Magnesia-Partially-Stabilized Zirconia by Rietveld Analysis of X-ray Diffraction Data*. Journal of the American Ceramic Society, 1990. **73**(10): p. 2822-2827.
44. Suvorov, S.A., et al., *Fusibility of Formulations Based on Phases of the System Constituted by Spinel, Mullite, and Aluminum Titanate*. Russian Journal of Applied Chemistry, 2004. **77**(1): p. 5-10.
45. Norberg, S.T., et al., *Redetermination of β-Al2TiO5 obtained by melt casting*. . Acta Crystallographica, Section E: Structure Reports Online 2005. **E61**(8): p. 160-162.
46. Norberg, S.T., et al., *Al6Ti2O13, a new phase in the Al2O3-TiO2 system*. Acta Crystallographica Section C, 2005. **61**(3): p. i35-i38.
47. Hoffmann, S., S.T. Norberg, and M. Yoshimura, *Melt synthesis of Al2TiO5 containing composites and reinvestigation of the phase diagram Al2O3–TiO2 by powder X-ray diffraction*. Journal of Electroceramics, 2006. **16**(4): p. 327-330.
48. Berger, M.-H. and A. Sayir, *Directional solidification of Al2O3-Al2TiO5 system*. Journal of the European Ceramic Society, 2008. **28**(12): p. 2411-2419.

49. Low, I.M. and Z. Oo, *Reformation of phase composition in decomposed aluminium titanate.* Materials Chemistry and Physics, 2008. **111**(1): p. 9-12.
50. Wang, C.L., et al., *The microstructure and microwave dielectric properties of zirconium titanate ceramics in the solid solution system ZrTiO4-Zr5Ti7O24* Journal of Materials Science, 1997. **32**(7): p. 1693-1701.
51. Troitzsch, U. and D.J. Ellis, *High-PT study of solid solutions in the system ZrO2-TiO2: The stability of srilankite.* Eur J Mineral, 2004. **16**(4): p. 577-584.
52. Troitzsch, U., A.G. Christy, and D.J. Ellis, *The crystal structure of disordered (Zr,Ti)O2 solid solution including srilankite: evolution towards tetragonal ZrO2 with increasing Zr* Physics and Chemistry of Minerals, 2005. **32**(7): p. 504-514.
53. Troitzsch, U. and D.J. Ellis, *The ZrO2-TiO2 phase diagram.*. Journal of Materials Science, 2005. **40**(17): p. 4571-4577.
54. Hund, F., *ZrTiO₄-Mischphasenpigmente.* Zeitschrift für anorganische und allgemeine Chemie, 1985. **525**(6): p. 221-229.
55. Varez, A., et al., *Multiphase Transformations Controlled by Ostwald´s Rule in Nanostructured Ce0.5Zr0.5O2 Powders Prepared by a Modified Pechini Route.* Inorganic Chemistry, 2009. **48**(20): p. 9693-9699.
56. Suffner, J., et al., *Microstructure and mechanical properties of near-eutectic ZrO2-60 wt.% Al2O3 produced by quenched plasma spraying.* Materials Science and Engineering: A, 2009. **506**(1-2): p. 180-186.
57. Suffner, J., et al., *Influence of liquid nitrogen quenching on the evolution of metastable phases during plasma spraying of (ZrO2-5 wt.% Y2O3)-20 wt.% Al2O3 coatings.* Surface and Coatings Technology, 2009. **204**(1-2): p. 149-156.
58. Stefanic, G., S. Music, and M. Ivanda, *Thermal behavior of the amorphous precursors of the ZrO2-SnO2 system.* Materials Research Bulletin, 2008. **43**(11): p. 2855-2871.
59. Holbig, E.S., *The Effect of Zr-Doping and Crystallite Size on the Mechanical Properties of TiO2 Rutile and Anatase Die Wirkung von Zr-Einbau und der Kristallgröße auf die mechanischen Eigenschaften von TiO2 Anatas und Rutil*, in *Fakultät für Biologie, Chemie und Geowissenschaften*. 2008, Universität Bayreuth: Bayreuth.
60. Jossen, R., et al., *Thermal Stability of Flame-Made Zirconia-Based Mixed Oxides.* Chemical Vapor Deposition, 2006. **12**(10): p. 614-619.
61. Srdic, V.V. and M. Winterer, *Aluminum-Doped Zirconia Nanopowders: Chemical Vapor Synthesis and Structural Analysis by Rietveld Refinement of X-ray Diffraction Data.* Chemistry of Materials, 2003. **15**(13): p. 2668-2674.
62. Ahn, J.-P., J.-K. Park, and H.-W. Lee, *Effect of compact structures on the phase transition, subsequent densification and microstructure evolution during sintering of ultrafine gamma alumina powder.* Nanostructured Materials, 1999. **11**(1): p. 133-140.
63. Takamori, T. and R. Roy, *Rapid Crystallization of SiO2-Al2O3 Glasses.* Journal of the American Ceramic Society, 1973. **56**(12): p. 639-644.
64. Macedo, M.I.F., C.A. Bertran, and C.C. Osawa, *Kinetics of the γ to α–alumina phase transformation by quantitative X-ray diffraction.* Journal of Materials Science, 2007. **42**: p. 2830-2836.
65. Liu, S., et al., *Preparation and photocatalytic activities of ZrTiO4 nanocrystals.* Journal of Alloys and Compounds, 2007. **437**(1-2): p. L1-L3.
66. Liu, Y., et al., *Microstructure and mechanical properties of (Al, Ti)(O, N) coatings prepared by reactive sputtering.* International Journal of Refractory Metals and Hard Materials, 2007. **25**(3): p. 271-274.
67. Jianu, A., et al., *In situ analysis of phase transformation in sol-gel cogelified nanopowder mixture of Al2O3 and TiO2 using synchrotron X-ray radiation diffraction experiments.* Nuclear Instruments and Methods in Physics Research Section B: Beam Interactions with Materials and Atoms, 2003. **199**: p. 44-48.
68. Sham, E.L., et al., *Zirconium Titanate from Sol-Gel Synthesis: Thermal Decomposition and Quantitative Phase Analysis.* Journal of Solid State Chemistry, 1998. **139**(2): p. 225-232.
69. Sakka, Y., et al., *Effect of titania and magnesia addition to 3 mol% yttria doped tetragonal zirconia on some diffusion related phenomena.* Solid State Ionics, 2004. **172**(1-4): p. 499-503.
70. Yin, Z., et al., *Particle in-flight behavior and its influence on the microstructure and mechanical properties of plasma-sprayed Al2O3 coatings.* Journal of the European Ceramic Society, 2008. **28**(6): p. 1143-1148.

71. Braue, W., et al., *In-plane microstructure of plasma-sprayed Mg-Al spinel and 2/1-mullite based protective coatings: An electron microscopy study.* Journal of the European Ceramic Society, 1996. **16**(1): p. 85-97.
72. McPherson, R., *On the formation of thermally sprayed alumina coatings.* Journal of Materials Science, 1980. **15**(12): p. 3141-3149.
73. Zois, D., A. Lekatou, and M. Vardavoulias, *A microstructure and mechanical property investigation on thermally sprayed nanostructured ceramic coatings before and after a sintering treatment.* Surface and Coatings Technology, 2009. **204**(1-2): p. 15-27.
74. Tan, Y., et al., *Effect of the Starting Microstructure on the Thermal Properties of As-Sprayed and Thermally Exposed Plasma-Sprayed YSZ Coatings.* Journal of the American Ceramic Society, 2009. **92**(3): p. 710-716.
75. Meyer, H., *Über das Flammspritzen von Aluminiumoxyd.* Materials and Corrosion/Werkstoffe und Korrosion, 1960. **11**(10): p. 601-616.
76. Toma, F.L., et al., *Comparative study on the photocatalytic behaviour of titanium oxide thermal sprayed coatings from powders and suspensions.* Surface and Coatings Technology, 2009. **203**(15): p. 2150-2156.
77. Ibrahim, A., et al., *Fatigue and mechanical properties of nanostructured and conventional titania (TiO2) thermal spray coatings.* Surface and Coatings Technology, 2007. **201**(16-17): p. 7589-7596.
78. Limarga, A.M., S. Widjaja, and T.H. Yip, *Mechanical properties and oxidation resistance of plasma-sprayed multilayered Al2O3/ZrO2 thermal barrier coatings.* Surface and Coatings Technology, 2005. **197**(1): p. 93-102.
79. Choi, S.R., D. Zhu, and R.A. Miller, *Mechanical Properties/Database of Plasma-Sprayed ZrO2-8wt% Y2O3 Thermal Barrier Coatings.* The International Journal of Applied Ceramic Technology, 2004. **1**(4): p. 330-342.
80. Lee, E.Y., et al., *Phase Transformations of Plasma-Sprayed Zirconia - Ceria Thermal Barrier Coatings.* Journal of the American Ceramic Society, 2002. **85**(8): p. 2065-2071.
81. Schwingel, D., et al., *Mechanical and thermophysical properties of thick PYSZ thermal barrier coatings: correlation with microstructure and spraying parameters.* Surface and Coatings Technology, 1998. **108-109**(1-3): p. 99-106.
82. Langjahr, P.A., R. Oberacker, and M.J. Hoffmann, *Long-Term Behavior and Application Limits of Plasma-Sprayed Zirconia Thermal Barrier Coatings.* Journal of the American Ceramic Society, 2001. **84**(6): p. 1301-1308.
83. Pfender, E., H.C. Chen, and J. Heberlein, *Structural changes in plasma-sprayed ZrO2 coatings after hot isostatic pressing.* Thin Solid Films, 1997. **293**(1-2): p. 227-235.
84. Becher, P.F., et al., *Factors in the degradation of ceramic coatings for turbine alloys.* Thin Solid Films, 1978. **53**(2): p. 225-232.
85. Boch, P., et al., *Plasma-sprayed zirconia coatings.* Advances in Ceramics, 1984. **12**(Sci. Technol. Zirconia 2): p. 488-502.
86. Skandan, G., et al., *Ultrafine-Grained Dense Monoclinic and Tetragonal Zirconia.* Journal of the American Ceramic Society, 1994. **77**(7): p. 1706 - 1710.
87. Garvie, R.C., *The Occurrence of Metastable Tetragonal Zirconia as a Crystallite Size Effect.* The Journal of Physical Chemistry, 1965. **69**(4): p. 1238-1243.
88. Patil, R.N. and E.C. Subbarao, *Monoclinic-tetragonal phase transition in zirconia: mechanism, pretransformation and coexistence.* Acta Crystallographica Section A, 1970. **26**(5): p. 535-542.
89. Gupta, T.K., F.F. Lange, and J.H. Bechtold, *Effect of stress-induced phase transformation on the properties of polycrystalline zirconia containing metastable tetragonal phase.* Journal of Materials Science, 1978. **13**(7): p. 1464-1470.
90. Evans, A.G., et al., *Martensitic transformations in zirconia--particle size effects and toughening.* Acta Metallurgica, 1981. **29**(2): p. 447-456.
91. Suhr, D.S., T.E. Mitchell, and R.J. Keller, *Microstructure and durability of zirconia thermal barrier coatings.* Advances in Ceramics 1984. **12**(Sci. Technol. Zirconia 2): p. 503-17.
92. Habib, K.A., et al., *Comparison of flame sprayed Al2O3/TiO2 coatings: Their microstructure, mechanical properties and tribology behavior.* Surface and Coatings Technology, 2006. **201**(3-4): p. 1436-1443.
93. Kear, B.H., et al., *Plasma-sprayed nanostructured Al2O3/TiO2 powders and coatings.* . Journal of Thermal Spray Technology, 2000. **9**(4).
94. Jordan, E.H., et al., *Fabrication and evaluation of plasma sprayed nanostructured alumina-titania coatings with superior properties.* Materials Science and Engineering A, 2001. **301**(1): p. 80-89.

Literaturverzeichnis

95. Normand, B., et al., *Tribological properties of plasma sprayed alumina-titania coatings: role and control of the microstructure.* . Surface and Coatings Technology 2000. **123**(2-3): p. 278-287.
96. Sharma, A.K., S. Aravindhan, and R. Krishnamurthy, *Microwave glazing of alumina-titania ceramic composite coatings.* Materials Letters, 2001. **50**(5-6): p. 295-301.
97. Yilmaz, R., et al., *Effects of TiO2 on the mechanical properties of the Al2O3-TiO2 plasma sprayed coating.* Journal of the European Ceramic Society, 2007. **27**(2-3): p. 1319-1323.
98. Zhai, C.-s., et al., *Thermal shock properties and failure mechanism of plasma sprayed Al2O3/TiO2 nanocomposite coatings.* Ceramics International, 2005. **31**(6): p. 817-824.
99. Wang, Y., W. Tian, and Y. Yang, *Thermal shock behavior of nanostructured and conventional Al2O3/13 wt%TiO2 coatings fabricated by plasma spraying.* Surface and Coatings Technology, 2007. **201**(18): p. 7746-7754.
100. Cockeram, B.V. and J.L. Hollenbeck, *The spectral emittance and long-term thermal stability of coatings for thermophotovoltaic (TPV) radiator applications.* Surface and Coatings Technology, 2002. **157**(2-3): p. 274-281.
101. Lin, C.L., D. Gan, and P. Shen, *The effects of TiO2 addition on the microstructure and transformation of ZrO2 with 3 and 6 mol.% Y2O3.* Materials Science and Engineering: A, 1990. **129**(1): p. 147-155.
102. Claussen, N., G. Lindemann, and G. Petzow, *Rapid solidification in the Al2O3-ZrO2 system.* Ceramics International, 1983. **9**(3): p. 83-86.
103. Kim, H.J. and Y.J. Kim, *Amorphous phase formation of the pseudo-binary Al2O3–ZrO2 alloy during plasma spray processing.* Journal of Materials Science, 1999. **34**(1): p. 29-33.
104. Haman, J.D., et al., *Analytical and mechanical testing of high velocity oxy-fuel thermal sprayed and plasma sprayed calcium phosphate coatings.* Journal of Biomedical Materials Research, 1999. **48**(6): p. 856-860.
105. Tsui, Y.C., C. Doyle, and T.W. Clyne, *Plasma sprayed hydroxyapatite coatings on titanium substrates Part 1: Mechanical properties and residual stress levels.* Biomaterials, 1998. **19**(22): p. 2015-2029.
106. Kalonji, G., J. McKittrick, and L.W. Hobbs, *Applications of rapid solidification theory and practice to alumina-zirconia ceramics.* Advances in Ceramics, 1984. **12**(Sci. Technol. Zirconia 2): p. 816-25.
107. Zhou, X., et al., *Metastable Phase Formation in Plasma-Sprayed ZrO2 (Y2O3) - Al2O3.* Journal of the American Ceramic Society, 2003. **86**(8): p. 1415-1420.
108. Jayaram, V., et al., *Characterization of Al2O3---ZrO2 powders produced by electrohydrodynamic atomization.* Materials Science and Engineering: A, 1990. **124**(1): p. 65-81.
109. McKittrick, J., G. Kalonji, and T. Ando, *Crystallization of a rapidly solidified Al2O3-ZrO2 eutectic glass.* Journal of Non-Crystalline Solids, 1987. **94**(2): p. 163-174.
110. Burghard, Z., et al., *Toughening through Nature-Adapted Nanoscale Design.* Nano Letters, 2009. **9**(12): p. 4103-4108.
111. Pawlowski, A., J. Morgiel, and T. Czeppe, *Amorphisation and crystallisation of phases in plasma sprayed Al2O3 and ZrO2 based ceramics.* Archives of Metallurgy and Materials, 2007. **52**(4): p. 635-639.
112. Greaves, G.N. and S. Sen, *Inorganic glasses, glass-forming liquids and amorphizing solids.* Advances in Physics, 2007. **56**: p. 1-166.
113. Kemethmüller, S., et al., *Quantitative Analysis of Crystalline and Amorphous Phases in Glass Ceramic Composites Like LTCC by the Rietveld Method.* Journal of the American Ceramic Society, 2006. **89**: p. 2632-2637.
114. Balasubramanian, S., H. Keshavan, and W.R. Cannon, *Sinter forging of rapidly quenched eutectic Al2O3-ZrO2(Y2O3)-glass powders.* Journal of the European Ceramic Society, 2005. **25**(8): p. 1359-1364.
115. Li, Y. and K.A. Khor, *Mechanical properties of the plasma-sprayed Al2O3/ZrSiO4 coatings.* Surface and Coatings Technology, 2002. **150**(2-3): p. 143-150.
116. Weaver, D.T., D.C. Van Aken, and J.D. Smith, *The role of bulk nucleation in the formation of crystalline cordierite coatings produced by air plasma spraying.* Materials Science and Engineering A, 2003. **339**(1-2): p. 96-102.
117. Chráska, T., et al., *Crystallization kinetics of amorphous alumina-zirconia-silica ceramics.* Journal of the European Ceramic Society, 2009. **29**(15): p. 3159-3165.
118. Yuanzheng, Y., et al., *Interfacial phenomena in the plasma spraying Al2O3+13 wt.% TiO2 ceramic coating.* Thin Solid Films, 2001. **388**(1-2): p. 208-212.

119. Hoang, V.V., *Structural properties of simulated liquid and amorphous TiO2.* physica status solidi (b), 2007. **244**(4): p. 1280-1287.
120. Sun, K.-H., *Fundamental Condition of Glass Formation.* Journal of the American Ceramic Society, 1947. **30**(9): p. 277-281.
121. Hoang, V.V. and N.H. Hung, *Temperature-induced phase transition in simulated amorphous Al2O3.* physica status solidi (b), 2006. **243**(2): p. 416-423.
122. Vanderbilt, D., X. Zhao, and D. Ceresoli, *Structural and dielectric properties of crystalline and amorphous ZrO2.* Thin Solid Films, 2005. **486**(1-2): p. 125-128.
123. Vessal, B. and C.R.A. Catlow, *Amorphous Solids*, in *Computer Modeling in Inorganic Crystallography*. 1997, Academic Press: London. p. 295-332.
124. Caferra, D., et al., *The role of TiO2 and ZrO2 in Na2O-MO2-SiO2 glasses.* Materials Letters, 1983. **2**(1): p. 53-55.
125. Jantzen, C.M., R.P. Krepski, and H. Herman, *Ultra-rapid quenching of laser-melted binary and unary oxides.* Materials Research Bulletin, 1980. **15**(9): p. 1313-1326.
126. Rao, K.J., S. Kumar, and P. Vinatier, *Can any material form a glass?* Solid State Communications, 2004. **129**(10): p. 631-635.
127. Chung, F., *Quantitative interpretation of X-ray diffraction patterns of mixtures. I. Matrix-Flushing Method for Quantitative Multicomponent Analysis.* Journal of Applied Crystallography, 1974. **7**(6): p. 519-525.
128. Gualtieri, A.F., *Accuracy of XRPD QPA using the combined Rietveld-RIR method.* Journal of Applied Crystallography, 2000. **33**(2): p. 267-278.
129. Madsen, I.C., et al., *Outcomes of the International Union of Crystallography Commission on Powder Diffraction Round Robin on Quantitative Phase Analysis: samples 1a to 1h.* Journal of Applied Crystallography, 2001. **34**(4): p. 409-426.
130. Damani, R.J. and E.H. Lutz, *Microstructure, strength and fracture characteristics of a free-standing plasma-sprayed alumina.* Journal of the European Ceramic Society, 1997. **17**(11): p. 1351-1359.
131. Beauvais, S., et al., *Process-microstructure-property relationships in controlled atmosphere plasma spraying of ceramics.* Surface and Coatings Technology, 2004. **183**(2-3): p. 204-211.
132. Lim, S.H., et al., *Nonstoichiometry, amorphicity and microstructural evolution during phase transformations of photocatalytic titania powders.* Journal of Applied Crystallography, 2009. **42**(5): p. 917-924.
133. Will, G., *Powder Diffraction: The Rietveld Method and the Two-Stage Method.* 2006, Springer-Verlag Berlin Heidelberg
134. Bish, D.L. and S.A. Howard, *Quantitative Phase Analysis Using the Rietveld Method.* J. Appl. Cryst. , 1988. **21**: p. 86-91.
135. Rietveld, H.M., *Line profiles of neutron powder-diffraction peaks for structure refinement.* . Acta Crystallographica, 1967. **22**(1): p. 151-2.
136. Rietveld, H.M., *Profile refinement method for nuclear and magnetic structures.* . Journal of Applied Crystallography, 1969. **2**(Pt. 2): p. 65-71.
137. Martin-Maquez, J., et al., *Evolution with Temperature of Crystalline and Amorphous Phases in Porcelain Stoneware.* Journal of the American Ceramic Society, 2009. **92**(1): p. 229-234.
138. Torre, A.G.D.l. and M.A.G. Aranda, *Accuracy in Rietveld quantitative phase analysis of Portland cements.* Journal of Applied Crystallography, 2003. **36**(5): p. 1169-1176.
139. Torre, A.G.D.L., S. Bruque, and M.A.G. Aranda, *Rietveld quantitative amorphous content analysis.* J. Appl. Cryst., 2001. **34**: p. 196-202.
140. Orlhac, X., et al., *Determination of the crystallized fractions of a largely amorphous multiphase material by the Rietveld method.* J. Appl. Cryst., 2001. **34**(2): p. 114-118.
141. Riello, P., P. Canton, and G. Fagherazzi, *Quantitative Phase Analysis in Semicrystalline Materials Using the Rietveld Method.* J. Appl. Cryst., 1998. **31**: p. 78-82
142. Massa, W., *Kristallstrukturbestimmung.* 2002, Stuttgart/Leipzig/Wiesbaden: Verlag Teubner.
143. Faryna, M., *TEM and EBSD comparative studies of oxide-carbide composites.* Materials Chemistry and Physics, 2003. **81**(2-3): p. 301-304.
144. Faryna, M., K. Sztwiertnia, and K. Sikorski, *Simultaneous WDXS and EBSD investigations of dense PLZT ceramics.* Journal of the European Ceramic Society, 2006. **26**(14): p. 2967-2971.
145. Koblischka-Veneva, A., et al., *EBSD analysis of the growth of (0 0 1) magnetite thin films on MgO substrates.* Materials Science and Engineering: B, 2007. **144**(1-3): p. 64-68.
146. Vonlanthen, P. and B. Grobety, *CSL grain boundary distribution in alumina and zirconia ceramics.* Ceramics International, 2008. **34**(6): p. 1459-1472.

Literaturverzeichnis

147. Karlsen, M., et al., *Backscatter Electron Imaging and Electron Backscatter Diffraction Characterization of LaCoO$_3$ During in Situ Compression*. Journal of the American Ceramic Society, 2009. **92**(3): p. 732-737.
148. Chicot, D., et al., *Vickers Indentation Fracture (VIF) modeling to analyze multi-cracking toughness of titania, alumina and zirconia plasma sprayed coatings*. Materials Science and Engineering: A, 2009. **527**(1-2): p. 65-76.
149. Cipitria, A., I.O. Golosnoy, and T.W. Clyne, *A sintering model for plasma-sprayed zirconia TBCs. Part I: Free-standing coatings*. Acta Materialia, 2009. **57**(4): p. 980-992.
150. McPherson, R. and B.V. Shafer, *Interlamellar contact within plasma-sprayed coatings*. Thin Solid Films, 1982. **97**(3): p. 201-204.
151. Xie, L., et al., *Formation of vertical cracks in solution-precursor plasma-sprayed thermal barrier coatings*. Surface and Coatings Technology, 2006. **201**(3-4): p. 1058-1064.
152. Jung, S.-I., et al., *Microstructure and mechanical properties of zirconia-based thermal barrier coatings with starting powder morphology*. Surface and Coatings Technology, 2009. **204**(6-7): p. 802-806.
153. Lima, R.S., S.E. Kruger, and B.R. Marple, *Towards engineering isotropic behaviour of mechanical properties in thermally sprayed ceramic coatings*. Surface and Coatings Technology, 2008. **202**(15): p. 3643-3652.
154. Turunen, E., et al., *Development of Nano-reinforced HVOF Sprayed Ceramic Coatings*. Advanced Engineering Materials, 2006. **8**(7): p. 669-673.
155. Li, C., A. Ohmori, and R. McPherson, *The relationship between microstructure and Young's modulus of thermally sprayed ceramic coatings*. Journal of Materials Science, 1997. **32**(4): p. 997-1004.
156. Ercan, B., et al., *Effect of initial powder morphology on thermal and mechanical properties of stand-alone plasma-sprayed 7 wt.% Y2O3-ZrO2 coatings*. Materials Science and Engineering: A, 2006. **435-436**: p. 212-220.
157. Damani, R.J. and A. Wanner, *Microstructure and elastic properties of plasma-sprayed alumina*. Journal of Materials Science, 2000. **35**(17): p. 4307-4318.
158. Cernuschi, F., et al., *Thermophysical, mechanical and microstructural characterization of aged free-standing plasma-sprayed zirconia coatings*. Acta Materialia, 2008. **56**(16): p. 4477-4488.
159. Damani, R.J., D. Rubesa, and R. Danzer, *Fracture toughness, strength and thermal shock behaviour of bulk plasma sprayed alumina -- effects of heat treatment*. Journal of the European Ceramic Society, 2000. **20**(10): p. 1439-1452.
160. Lima, R.S. and B.R. Marple, *Thermal Spray Coatings Engineered from Nanostructured Ceramic Agglomerated Powders for Structural, Thermal Barrier and Biomedical Applications: A Review*. Journal of Thermal Spray Technology, 2007. **16**(1): p. 40-63.
161. Lima, R.S. and B.R. Marple, *Superior performance of high-velocity oxyfuel-sprayed nanostructured TiO2 in comparison to air plasma-sprayed conventional Al2O3-13TiO2*. Journal of Thermal Spray Technology, 2005. **14**(3): p. 397-404.
162. Xiao, T.D., et al., *Thermal spray of nanostructured alumina/titania feedstock for improved properties*. Journal of Thermal Spray Technology, 2001. **10**(1): p. 177-178.
163. Shaw, L.L., et al., *The dependency of microstructure and properties of nanostructured coatings on plasma spray conditions*. Surface and Coatings Technology, 2000. **130**(1): p. 1-8.
164. Bolelli, G., et al., *Plasma-sprayed glass-ceramic coatings on ceramic tiles: microstructure, chemical resistance and mechanical properties*. Journal of the European Ceramic Society, 2005. **25**(11): p. 1835-1853.
165. Jiang, X.-l. and M. Liu, *D.C. plasma-sprayed coatings of nanostructured alumina-titania-silica*. Plasma Science & Technology, 2002. **4**(5): p. 1481-1484.
166. Ohmori, A., et al., *Effect of agglomerated TiO2 powders with nanostructure on microstructure of thermal sprayed TiO2 coatings*. Transactions of the Joining and Welding Research Institute of Osaka University, 2002. **31**(1): p. 41-47.
167. Bansal, P., N.P. Padture, and A. Vasiliev, *Improved interfacial mechanical properties of Al2O3-13wt%TiO2 plasma-sprayed coatings derived from nanocrystalline powders*. Acta Materialia, 2003. **51**(10): p. 2959-2970.
168. Lin, C.-K. and C.C. Berndt, *Acoustic emission studies on thermal spray materials*. Surface and Coatings Technology, 1998. **102**(1-2): p. 1-7.

169. Li, C.-J., W.-Z. Wang, and Y. He, *Measurement of Fracture Toughness of Plasma-Sprayed Al2O3 Coatings Using a Tapered Double Cantilever Beam Method.* Journal of the American Ceramic Society, 2003. **86**(8): p. 1437-1439.
170. Kucuk, A., et al., *Influence of plasma spray parameters on mechanical properties of yttria stabilized zirconia coatings. I: Four point bend test.* Materials Science and Engineering A, 2000. **284**(1-2): p. 29-40.
171. Johnston, R.E. and W.J. Evans, *Freestanding abradable coating manufacture and tensile test development.* Surface and Coatings Technology, 2007. **202**(4-7): p. 725-729.
172. Kucuk, A., et al., *Influence of plasma spray parameters on mechanical properties of yttria stabilized zirconia coatings. II: Acoustic emission response.* Materials Science and Engineering A, 2000. **284**(1-2): p. 41-50.
173. Singh, J.P., et al., *Observations on the nature of micro-cracking in brittle composites.* Journal of Materials Science, 1981. **16**(1): p. 141-150.
174. Liu, Y., et al., *Anelastic Behavior of Plasma-Sprayed Zirconia Coatings.* Journal of the American Ceramic Society, 2008. **91**(12): p. 4036-4043.
175. Bakker, A., *Three-Dimensional Constraint Effects on Stress Intensity Distributions in Plate Geometries with Through-Thickness Cracks.* Fatigue & Fracture of Engineering Materials & Structures, 1992. **15**(11): p. 1051-1069.
176. Kamat, S., et al., *Structural basis for the fracture toughness of the shell of the conch Strombus gigas.* Nature, 2000. **405**(6790): p. 1036.
177. Li, C., A. Ohmori, and Y. Arata. *Effect of spray methods on the lamellar structure of Al2O3 coatings.* in *ITSC 95* 1995. Kobe: High Temperature Society of Japan, Osaka, Japan
178. Lima, R.S. and B.R. Marple, *From APS to HVOF spraying of conventional and nanostructured titania feedstock powders: a study on the enhancement of the mechanical properties.* Surface and Coatings Technology, 2006. **200**(11): p. 3428-3437.
179. Tree, Y., A. Venkateswaran, and D.P.H. Hasselman, *Observations on the fracture and deformation behaviour during annealing of residually stressed polycrystalline aluminium oxides* Journal of Materials Science, 1983. **18**(7): p. 2135-2148.
180. Sevostianov, I. and M. Kachanov, *Plasma-sprayed ceramic coatings: anisotropic elastic and conductive properties in relation to the microstructure; cross-property correlations.* Materials Science and Engineering A, 2001. **297**(1-2): p. 235-243.
181. Tomaszewski, H., M. Boniecki, and H. Weglarz, *Effect of grain size on R-curve behaviour of alumina ceramics.* Journal of the European Ceramic Society, 2000. **20**(14-15): p. 2569-2574.
182. Rentzsch, W.H., *A Simple Tool for Designing with Ceramics.* Advanced Engineering Materials, 2003. **5**(4): p. 218-222.
183. Sharma, A.K. and R. Krishnamurthy, *Microwave processing of sprayed alumina composite for enhanced performance.* Journal of the European Ceramic Society, 2002. **22**(16): p. 2849-2860.
184. Kim, H.-J., C.-H. Lee, and Y.-G. Kweon, *The effects of sealing on the mechanical properties of the plasma-sprayed alumina-titania coating.* Surface and Coatings Technology, 2001. **139**(1): p. 75-80.
185. Swain, M.V., *R-Curve Behavior and Thermal Shock Resistance of Ceramics.* Journal of the American Ceramic Society, 1990. **73**(3): p. 621-628.
186. Zhou, Y.C. and T. Hashida, *Thermal fatigue failure induced by delamination in thermal barrier coating.* International Journal of Fatigue, 2002. **24**(2-4): p. 407-417.
187. Bengtsson, P., T. Jonannesson, and J. Wigren. *Crack structures in plasma sprayed thermal barrier coatings as a function of deposition temperature.* in *ITSC 95* 1995. Kobe: High Temperature Society of Japan, Osaka, Japan.
188. Collin, M. and D. Rowcliffe, *Analysis and prediction of thermal shock in brittle materials.* Acta Materialia, 2000. **48**(8): p. 1655-1665.
189. Ziegler, G., *Microstructural aspects of thermal stress resistance of high-strength engineering ceramics. Part II: Influence of microstructure on thermal shock resistance of high-strength engineering ceramics.* Zeitschrift fuer Werkstofftechnik, 1985. **16**(2): p. 45-55.
190. Lutz, E.H. and M.V. Swain, *Stress-Strain Behavior of Alumina, Magnesia-Partially-Stabilized Zirconia, and Duplex Ceramics and Its Relevance for Flaw Resistance, K^R-Curve Behavior, and Thermal Shock Behavior.* Journal of the American Ceramic Society, 1992. **75**(11): p. 3058-3064.
191. Wang, Y., H. Guo, and S. Gong, *Thermal shock resistance and mechanical properties of La2Ce2O7 thermal barrier coatings with segmented structure.* Ceramics International, 2009. **35**(7): p. 2639-2644.
192. Sridhar, N., et al., *Microstructural Mechanics Model of Anisotropic-Thermal-Expansion-Induced Microcracking.* Journal of the American Ceramic Society, 1994. **77**(5): p. 1123-1138.

Literaturverzeichnis

193. Tvergaard, V. and J.W. Hutchinson, *Microcracking in Ceramics Induced by Thermal Expansion or Elastic Anisotropy.* Journal of the American Ceramic Society, 1988. **71**(3): p. 157-166.
194. Ke, P.L., et al., *Progressive damage during thermal shock cycling of D-gun sprayed thermal barrier coatings with hollow spherical ZrO2-8Y2O3.* Materials Science and Engineering: A, 2006. **435-436**: p. 228-236.
195. Suga, T., I. Kvernes, and G. Elssner, *Fracture energy measurements of Ceramic Thermal Barrier Coatings.* Materialwissenschaft und Werkstofftechnik, 1984. **15**(11): p. 371-377.
196. Han, Z., et al., *A comparison of thermal shock behavior between currently plasma spray and supersonic plasma spray CeO2-Y2O3-ZrO2 graded thermal barrier coatings.* Surface and Coatings Technology, 2007. **201**(9-11): p. 5253-5256.
197. Lutz, E.H., *Microstructure and Properties of Plasma Ceramics.* Journal of the American Ceramic Society, 1994. **77**(5): p. 1274-1280.
198. Aneziris, C.G., et al., *Thermal Shock Behavior of Flame-Sprayed Free-Standing Coatings Based on Al2O3 with TiO2- and ZrO2-Additions.* International Journal of Applied Ceramic Technology, 2010. **published online**
199. Sasaki, M., et al. *Adhesion of plasma sprayed alumina-titania layer at high temperatures.* . in *Surface Modification Technologies XI, Proceedings of the 11th International Conference on Surface Modification Technologies.* 1997. Paris: Institute of Materials, London, UK
200. Westphal, T., T. Fullmann, and H. Pollmann, *Rietveld quantification of amorphous portions with an internal standard---Mathematical consequences of the experimental approach.* Powder Diffraction, 2009. **24**(3): p. 239-243.
201. Ctibor, P., et al., *Structure and mechanical properties of plasma sprayed coatings of titania and alumina.* Journal of the European Ceramic Society, 2006. **26**(16): p. 3509-3514.
202. Lin, X., et al., *Characterization of alumina-3 wt.% titania coating prepared by plasma spraying of nanostructured powders.* Journal of the European Ceramic Society, 2004. **24**(4): p. 627-634.
203. Li, H., et al., *Characterization of hydroxyapatite/nano-zirconia composite coatings deposited by high velocity oxy-fuel (HVOF) spray process.* Surface and Coatings Technology, 2004. **182**(2-3): p. 227-236.
204. Gross, K., W. Walsh, and E. Swarts, *Analysis of retrieved hydroxyapatite-coated hip prostheses.* Journal of Thermal Spray Technology, 2004. **13**(2): p. 190-199.
205. Gross, K.A., C.C. Berndt, and H. Herman, *Amorphous phase formation in plasma-sprayed hydroxyapatite coatings.* Journal of Biomedical Materials Research, 1998. **39**(3): p. 407-414.
206. Cheang, P. and K.A. Khor. *Bioceramic Powders and Coatings by Thermal Spray Techniques.* in *ITSC 95* 1995. Kobe: High Temperature Society of Japan, Osaka, Japan
207. Chraska, T., et al., *Fabrication of Bulk Nanocrystalline Ceramic Materials.* Journal of Thermal Spray Technology, 2008. **17**(5-6): p. 872-877.
208. Chen, H.C., J. Heberlein, and E. Pfender, *TEM characterization of plasma-sprayed thermal barrier coatings and ceramic-metal interfaces after hot isostatic pressing.* Thin Solid Films, 1997. **301**(1-2): p. 105-114.
209. Zhize, Z. and J. Yuansheng. *Tribological and microstructure analysis of three ZrO2+Al2O3 plasma sprayed coatings.* . in *ITSC 95* 1995. Kobe: High Temperature Society of Japan, Osaka, Japan.
210. Llorca, J. and V.M. Orera, *Directionally solidified eutectic ceramic oxides.* Progress in Materials Science, 2006. **51**(6): p. 711-809.
211. Calderon-Moreno, J.M. and M. Yoshimura, *Stabilization of zirconia lamellae in rapidly solidified alumina-zirconia eutectic composites.* Journal of the European Ceramic Society, 2005. **25**(8): p. 1369-1372.
212. Pawlowski, L., *Finely grained nanometric and submicrometric coatings by thermal spraying: A review.* Surface and Coatings Technology, 2008. **202**(18): p. 4318-4328.
213. Aneziris, C.G., et al., *Novel TRIP - steel / Mg-PSZ composite - open cell foam structures for energy absorption.* noch nicht veröffentlichtes Manuskript, 2010.
214. Ramírez-Rico, J., et al., *Crystallographic texture in Al2O3-ZrO2 (Y2O3) directionally solidified eutectics.* Journal of the European Ceramic Society, 2008. **28**(14): p. 2681-2686.
215. Mazerolles, L., et al., *Microstructures, crystallography of interfaces, and creep behavior of melt-growth composites.* Journal of the European Ceramic Society, 2008. **28**(12): p. 2301-2308.
216. McKittrick, J. and G. Kalonji, *Non-stoichiometry and defect structures in rapidly solidified MgO-Al2O3-ZrO2 ternary eutectics.* Materials Science and Engineering A, 1997. **231**(1-2): p. 90-97.

217. Calderon Moreno, J.M. and M. Yoshimura, *Rapidly solidified eutectic composites in the system Al2O3-Y2O3-ZrO2: ternary regions in the subsolidus diagram.* Solid State Ionics, 2002. **154-155**: p. 311-317.
218. Ozao, R., et al., *DSC study of alumina materials -- applicability of transient DSC (Tr-DSC) to anodic alumina (AA) and thermoanalytical study of AA.* Thermochimica Acta, 2000. **352-353**: p. 91-97.
219. Saito, Y., et al., *Effects of Amorphous and Crystalline SiO2 Additives on g-Al2O3-to-alpha-Al2O3 Phase Transitions.* Journal of the American Ceramic Society, 1998. **81**(8): p. 2197-2200.
220. Peters, G. and M. Jansen, *Ausscheidung von Hollanditwhiskern in Aluminiumtitanatglaskeramiken.* Materialwissenschaft und Werkstofftechnik, 1994. **25**(12): p. 490-497.
221. Johnson, B.R., W.M. Kriven, and J. Schneider, *Crystal structure development during devitrification of quenched mullite.* Journal of the European Ceramic Society, 2001. **21**(14): p. 2541-2562.
222. Petersson, A., H. Keshavan, and W.R. Cannon, *Microstructural evolution and creep properties of plasma sprayed nanocomposite zirconia- alumina materials.* Ceramic Transactions, 2006. **177** (**Innovative Processing and Synthesis of Ceramics, Glasses and Composites IX**).
223. Stösser, R., et al., *A Magnetic Resonance Investigation of the Process of Corundum Formation Starting from Sol-Gel Precursors.* Journal of the American Ceramic Society, 2005. **88**: p. 2913-2922.
224. Ervas, G.P., et al., *Kinetic Demixing of Solute Cations in Alumina Single Crystals during Cooling.* Journal of the American Ceramic Society, 1995. **78**(9): p. 2314-2320.
225. Dillon, S.J. and M.P. Harmer, *Mechanism of "Solid-State" Single-Crystal Conversion in Alumina.* Journal of the American Ceramic Society, 2007. **90**: p. 993-995.
226. Maier, D., et al., *Dopant segregations in oxide single-crystal fibers grown by the micro-pulling-down method.* Optical Materials, 2007. **30**(1): p. 11-14.
227. Hudon, P. and D.R. Baker, *The nature of phase separation in binary oxide melts and glasses. I. Silicate systems.* Journal of Non-Crystalline Solids, 2002. **303**(3): p. 299-345.
228. Roos, C.H.-G., *Untersuchungen zum Thermoschockverhalten von Keatit-Mischkristall-Glaskeramiken.* 2002, Bayerischen Julius-Maximilians-Universität: Würzburg.
229. Udalov, Y.P., et al., *Monotectic crystallization of melts in the ZrO2-Al2O3 system.* Glass Physics and Chemistry, 2006. **32**(4): p. 479-485.
230. Perrière, L., et al., *Crack propagation in directionally solidified eutectic ceramics.* Journal of the European Ceramic Society, 2008. **28**(12): p. 2337-2343.
231. Rowcliffe, D.J., et al., *The growth of oriented ceramic eutectics.* Journal of Materials Science, 1969. **4**(10): p. 902-907.
232. Kratschmer, T. and C.G. Aneziris, *Improved Thermal Shock Performance of Sintered Mg-Partially Stabilized Zirconia with Alumina and Titania Additions.* International Journal of Applied Ceramic Technology, 2009. **online veröffentlicht**
233. Murakami, K., et al. *Porosity measurement and densification of plasma sprayed alumina-titania deposits.* in *Surface Modification Technologies XI, Proceedings of the 11th International Conference on Surface Modification Technologies.* 1997. Paris: Institute of Materials, London, UK
234. *Norm DIN EN 843-1* in *Monolithische Keramik, Mechanische Eigenschaften bei Raumtemperatur / Teil 1: Bestimmung der Biegefestigkeit* 1995.
235. *Norm DIN ENV 843-2*, in *Monolithische Keramik, Mechanische Eigenschaften bei Raumtemperatur / Teil 2: Bestimmung des E-Moduls* 1996.
236. Merkel, M. and K.-H. Thomas, *Taschenbuch der Werkstoffe.* Vol. 7. Auflage. 2008: Fachbuchverlag Leipzig im Carl Hanser Verlag.
237. Danzer, R., *Some notes on the correlation between fracture and defect statistics: Are Weibull statistics valid for very small specimens?* Journal of the European Ceramic Society, 2006. **26**(15): p. 3043-3049.
238. Gong, J., *Indentation toughness of ceramics: a statistical analysis.* Ceramics International, 2002. **28**(7): p. 767-772.
239. Gross, D. and T. Seelig, *Bruchmechanik.* 2007: Springer-Verlag Berlin Heidelberg.
240. Zavattieri, P.D. and H.D. Espinosa, *Grain level analysis of crack initiation and propagation in brittle materials.* Acta Materialia, 2001. **49**(20): p. 4291-4311.
241. Lutz, E.H., *Size Sensitivity to Thermal Shock of Plasma-Sprayed Ceramics and Factors Affecting the Size Effect.* Journal of the American Ceramic Society, 1995. **78**(10): p. 2700-2704.
242. Orange, G., et al., *Preparation and characterization of a dispersion toughened ceramic for thermomechanical uses (ZTA). Part II: Thermomechanical characterization. Effect of microstructure*

Literaturverzeichnis

and temperature on toughening mechanisms. Journal of the European Ceramic Society, 1992. **9**(3): p. 177-185.
243. Clarke, D.R. and F. Adar, *Measurement of the Crystallographically Transformed Zone Produced by Fracture in Ceramics Containing Tetragonal Zirconia.* Journal of the American Ceramic Society, 1982. **65**(6): p. 284-288.
244. Casellas, D., et al., *On the transformation toughening of Y-ZrO2 ceramics with mixed Y-TZP/PSZ microstructures.* Journal of the European Ceramic Society, 2001. **21**(6): p. 765-777.
245. Saadaoui, M., C. Olagnon, and G. Fantozzi, *Influence of precracking procedure, environment, temperature and microstructure on R-curve behaviour of alumina and PSZ ceramics.* Journal of the European Ceramic Society, 1993. **12**(5): p. 361-368.
246. Lutz, E.H., M.V. Swain, and N. Claussen, *Thermal Shock Behavior of Duplex Ceramics.* Journal of the American Ceramic Society, 1991. **74**(1): p. 19-24.
247. Lutz, E.H., N. Claussen, and M.V. Swain, K^R-*Curve Behavior of Duplex Ceramics.* Journal of the American Ceramic Society, 1991. **74**(1): p. 11-18.
248. Lutz, H.E. and M.V. Swain, *Interrelation among flaw resistance, K^R-curve behavior and thermal shock strength degradation in ceramics. II. Experiment.* Journal of the European Ceramic Society, 1991. **8**(6): p. 365-374.
249. Filounek, A., *Schutz von Ofenwänden vor Schädigung durch Kondensate*, in *Fakultät für Maschinenbau, Verfahrens- und Energietechnik*. 2006, TU BA Freiberg: Freiberg.
250. Brown Jr, J.J. and M.A. Allen, *The Use of Phase Diagrams to Predict Alkali Oxide Corrosion of Ceramics*, in *Phase Diagrams in Advanced Ceramics*. 1995, Academic Press: Burlington. p. 43-83.
251. Kim, J.-T., K.-B. Lim, and D.-C. Lee, *Fabrication of beta β''-alumina films as a thermoelectric material by thermal plasma processing.* Surface and Interface Analysis, 2003. **35**(8): p. 658-661.
252. Fukumasa, O., *Synthesis of new ceramics from powder mixtures using thermal plasma processing.* Thin Solid Films, 2001. **390**(1-2): p. 37-43.
253. Vries, R.C. and W.L. Roth, *Critical Evaluation of the Literature Data on Beta Alumina and Related Phases: I, Phase Equilibria and Characterization of Beta Alumina Phases.* Journal of the American Ceramic Society, 1969. **52**(7): p. 364-369.
254. Roth, W.L., et al., *Li and Mg stabilized beta aluminas.* Solid State Ionics, 1981. **5**: p. 163-166.
255. Hannink, R.H.J. and R.C. Garvie, *Sub-eutectoid aged Mg-PSZ alloy with enhanced thermal up-shock resistance.* Journal of Materials Science, 1982. **17**(9): p. 2637-2643.
256. Barabás, R., et al., *Fluorhydroxyapatite Coatings Obtained by Flame-Spraying Deposition.* International Journal of Applied Ceramic Technology, 2010.
257. Okumus, S.C., *Microstructural and mechanical characterization of plasma sprayed Al2O3-TiO2 composite ceramic coating on Mo/cast iron substrates.* Materials Letters, 2005. **59**(26): p. 3214-3220.
258. Kim, H.-J. and Y.-G. Kweon, *Elastic modulus of plasma-sprayed coatings determined by indentation and bend tests.* Thin Solid Films, 1999. **342**(1-2): p. 201-206.
259. Gaona, M., R.S. Lima, and B.R. Marple, *Nanostructured titania/hydroxyapatite composite coatings deposited by high velocity oxy-fuel (HVOF) spraying.* Materials Science and Engineering: A, 2007. **458**(1-2): p. 141-149.
260. Rigal, E., T. Priem, and E. Vray. *Mechanical properties of as-sprayed and annealed partially stabilized zirconia.* in *ITSC 95* 1995. Kobe: High Temperature Society of Japan, Osaka, Japan
261. Jadhav, A.D. and N.P. Padture, *Mechanical properties of solution-precursor plasma-sprayed thermal barrier coatings.* Surface and Coatings Technology, 2008. **202**(20): p. 4976-4979.
262. Antou, G., et al., *Structural Evolution and Mechanical Properties Modification of MELTPRO (in Situ Remelted) Processed Thermal Barrier Coatings during Thermal Shocks.* Advanced Engineering Materials, 2006. **8**(7): p. 657-663.
263. Hilpert, T. and E. Ivers-Tiffée, *Correlation of electrical and mechanical properties of zirconia based thermal barrier coatings.* Solid State Ionics, 2004. **175**(1-4): p. 471-476.
264. Rybicki, E.F., et al. *In situ evaluations of Young's modulus and Poisson's ratio using a cantilever beam specimen.* in *Advances in Thermal Spray Science and Technology, Proceedings of the 8th National Thermal Spray Conference.* 1995. Houston: ASM International, Materials Park, Ohio.
265. Ahmaniemi, S., P. Vuoristo, and T. Mäntylä, *Mechanical and elastic properties of modified thick thermal barrier coatings.* Materials Science and Engineering A, 2004. **366**(1): p. 175-182.

I want morebooks!

Buy your books fast and straightforward online - at one of world's fastest growing online book stores! Environmentally sound due to Print-on-Demand technologies.

Buy your books online at
www.morebooks.shop

Kaufen Sie Ihre Bücher schnell und unkompliziert online – auf einer der am schnellsten wachsenden Buchhandelsplattformen weltweit! Dank Print-On-Demand umwelt- und ressourcenschonend produziert.

Bücher schneller online kaufen
www.morebooks.shop

KS OmniScriptum Publishing
Brivibas gatve 197
LV-1039 Riga, Latvia
Telefax: +371 686 204 55

info@omniscriptum.com
www.omniscriptum.com

Printed by Books on Demand GmbH, Norderstedt / Germany